学生最喜爱的科普书

XUESHENGZUIXIAIDEKEPUSHU

世界自然遗产大观

刘 艳◎编著

在未知领域 我们努力探索

在已知领域 我们重新发现

延边大学出版社

图书在版编目（CIP）数据

世界自然遗产大观 / 刘艳编著 . —延吉 : 延边大学出版社 , 2012.4（2021.1 重印）

ISBN 978-7-5634-4702-2

Ⅰ . ①世… Ⅱ . ①刘… Ⅲ . ①自然保护区—世界—青年读物②自然保护区—世界—少年读物
Ⅳ . ① S759.991-49

中国版本图书馆 CIP 数据核字 (2012) 第 058574 号

世界自然遗产大观

编　　著：刘　艳
责任编辑：崔　军
封面设计：映象视觉
出版发行：延边大学出版社
社　　址：吉林省延吉市公园路 977 号　　邮编：133002
网　　址：http://www.ydcbs.com　　E-mail：ydcbs@ydcbs.com
电　　话：0433-2732435　　传真：0433-2732434
发行部电话：0433-2732442　　传真：0433-2733056
印　　刷：唐山新苑印务有限公司
开　　本：16K　690 × 960 毫米
印　　张：10 印张
字　　数：120 千字
版　　次：2012 年 4 月第 1 版
印　　次：2021 年 1 月第 3 次印刷
书　　号：ISBN 978-7-5634-4702-2

定　　价：29.80 元

前言

Foreword

世界之大，大到无论科技如何发达，还是无法不走出家门就可以将世界各地的名山名水、奇异壮观一览无余。世界自然遗产景观的雄壮，是只有在我们每个人真正亲身体验之后才能描绘出来的。世界自然遗产景观的巍峨，让人有一种站的更高、才能看的更远的感受，让人有了一种想要亲近自然，走出自己生活着的熟悉的领域，去目睹那些自然遗产的雄浑魅力。

陈淼先生曾在《桂林山水》一文中写道："我看见过波澜壮阔的大海，玩赏过水平如镜的西湖，却从没看见过漓江这样的水。漓江的水真静啊，静得让你感觉不到它在流动；漓江的水真清啊，清得可以看见江底的沙石；漓江的水真绿啊，绿得仿佛那是一块无瑕的翡翠。船桨激起的微波扩散出一道道水纹，才让你感觉到船在前进，岸在后移。"

"我攀登过峰峦雄伟的泰山，游览过红叶似火的香山，却从没看见过桂林这一带的山。桂林的山真奇啊，一座座拔地而起，各不相连，像老人，像巨象，像骆驼，奇峰罗列，形态万千；桂林的山真秀啊，像翠绿的屏障，像新生的竹笋，色彩明丽，倒映水中；桂林的山真险啊，危峰兀立，怪石嶙峋，好像一不小心就会栽倒下来。这样的山围绕着这样的水，这样的水倒映着这样的山，再加上空中云雾迷蒙，山间绿树红花，江上竹筏小舟，让你感到像是走进了连绵不断的画卷，真是‘舟行碧波上，人在画中游’。”

我想这就是在真正领略过山川景色后作者的真实感受，世界各地的著名景观有很多，并不是仅仅只有这些山川湖水，我国的万里长城、北京故宫、泰山、敦煌莫高窟等等，都是被中国人引以为傲的遗产财富，都是被中外人士所津津乐道、难以忘却的地方。另外，亚洲地区还有比较著名的耶路撒冷旧城、日本的白神山地、马来西亚的神山公园、印度的泰姬陵。欧洲地区也很多，如瑞士联邦的少女峰、西班牙的多尼亚纳国家公园、意大利的伊奥利亚群岛、科西嘉的吉罗拉塔湾。非洲地区有坦桑尼亚的乞力马扎罗山国家公园、南非的罗本岛、卡苏比的布干达王陵；南美洲有委内瑞拉卡奈依马国家公园、厄瓜多尔加拉帕戈斯群岛。北美洲有墨西哥的比兹卡依诺鲸类保护区、巴拿马的达连国家公园；大洋洲地区有澳大利亚东部雨林保护区、大堡礁、新西兰的库克山国家公园……这些都是比较著名的自然遗产景区，本书中都有相关内容的详细介绍。

一项自然遗产景观可以反映一个国家和民族的价值取向和精神品性。《世界自然遗产大观》，带我们走进世界上那些神秘的领域，让我们的眼睛观望异地令人惊叹的景象。本书挑选亚、欧、非、南北美洲及大洋洲六个洲中具有代表性的自然遗产风景点，相信你在了解世界各地的自然遗产之后，你肯定会相信，这个世界，真的比我们想象的要神奇很多、美好很多，你会从中感受到大自然对于我们人类是如此的厚道，我们理所应该对其表示崇敬和爱护。领略世界自然遗产文化的波澜壮阔，就像接受一次生命洗礼，让人生更加充满力量和乐趣。敬请欣赏！

目录
CONTENTS

第❶章
世界自然遗产之亚洲

第❷章
世界自然遗产之欧洲

第3章

世界自然遗产之非洲

第4章

世界自然遗产之南美洲

第❺章

世界自然遗产之北美洲

第❻章

世界自然遗产之大洋洲

第一章 世界自然遗产之亚洲

SHIJIEZIRANYICHANZHIYAZHOU

亚洲，作为世界七大洲中面积最大的洲，不仅是全球人口数量最多的一个地带，而且也是世界文明古国的发祥地。亚洲地区国家的自然遗产分布状况如何，请看本章详细介绍。

中国：长城

Zhong Guo：Chang Cheng

※ 长城

长城，作为我国古代劳动人民的结晶，是当时人民用血肉之躯和辛勤劳动建造而成。古时候，中国在不同时期为抵御边塞游牧民族的侵袭，而修筑了这项规模浩大的工程——长城。因长城东西绵延上万华里，故又被称作万里长城。现存的长城遗迹主要有始建于 14 世纪的明长城，它西起嘉峪关，东至辽东山海关，横贯我国辽宁、河北、天津、北京、内蒙古、山西、陕西、宁夏、甘肃等 9 个省、市、自治区，全长 8851.8 千米，平均高 6～7 米、宽 4～5 米。长城是中国悠久历史的见证，它与北京天安门、陕西兵马俑一起被世人视为中国的象征。1987 年 12 月，长城被列为世界文化遗产。

◎孟姜女哭长城的传说

孟姜女哭倒长城的故事，千古相传。提到长城，人们便会想到她，同时也想到那些为修筑长城而付出生命的古代人民。古时候，有位孟老汉，他和姜老汉互为邻居，一年春天，一颗经孟老汉亲自种下且精心照顾的葫芦籽，渐渐长大。葫芦秧从墙头爬到姜老汉的院子里，并结了个很大的葫芦。葫芦熟后，姜老汉拿刀把它切开，里面居然躺着一个女娃娃。随后，他二老共同扶养了这个孩子，为她取名“孟姜女”。

孟姜女长大成婚之日，她的新婚丈夫范杞梁被衙役抓走了。那时，秦始皇在全国各地抽调大批民夫修筑长城，由于任务艰巨，工程浩大，民夫日夜拼命劳作，被累死、饿死的数不胜数。为加快工程速度，他们又到处抓民夫补充，范杞梁就是其中之一。

一年过去了，范杞梁音讯全无，孟姜女决定去找丈夫，并发誓找不到绝不回家。经过千难万险的万里跋涉，她终于到了长城修筑地，一打听才知道，丈夫范杞梁早就在修筑长城中累死了，虽然被埋在长城下，可尸骨却再也找不到了。这一消息像晴天霹雳，震撼着孟姜女，她顿时泪如泉涌地哭了起来，哭声如雷，惊天动地。顿时天昏地暗，足足哭倒了八百里长城。

后来，工程监官看到孟姜女哭到哪里长城便倒到哪里，急忙报告给正来此巡查工程进展的秦始皇。秦始皇被孟姜女美貌迷住了，要封她为"正宫娘娘"。孟姜女提出三个条件，一要找到丈夫范杞梁的尸体，二要为其丈夫举行国葬，三要秦始皇为范杞梁披麻戴孝、打幡送葬。秦始皇思索片刻，答应下来。孟姜女戴孝拜了为筑城而死的范杞梁坟墓后，宿愿已偿，面对滚滚的渤海，纵身一跃，投海自尽了。

◎中国现存长城概况

1. 八达岭长城

※ 八达岭

位于北京延庆县的八达岭长城，是明代长城中保存得较为完整的一段，它的关城建于明弘治十八年（即1505年），东窄西宽，呈梯形，有东西二门，东名"居庸外镇"，西名"北门锁钥"，都为砖石结构，券洞上为平台，南北两面各开一豁口，接连关城城墙，台上四周有砖砌垛口。这一段城墙，依山势修筑，墙身不仅高大而且坚固，城墙上部采用大型城砖砌筑，下部为条石台基，内填泥土和石块。顶部地面铺满方砖，嵌缝密实。内侧为宇墙，外侧为垛墙，垛墙上方有垛口，下方有射洞。山势陡峭处，砌成梯道，山脊高地、城墙转角或险要处则筑有堡垒式城台、敌台或墙台。城墙高低宽窄不齐，平均高 7 米余，有些地段高可达 14 米。墙基平均宽 6 米半，顶宽 5 米余，可容五马并驰或十人并进。

2. 居庸关长城

※ 居庸关

距八达岭长城20千米处的居庸关，位于北京市昌平区，此处地形险峻，是长城重要的关隘。砌旁山峦重叠、景色优美，中有长达18千米的溪行，俗称关沟。因其地势险要，素有“一夫当关，万夫莫开”的气势，故此，历来都是兵家必争之地。如今在居庸关的中心，还保存着一个雕刻精美的汉白玉石台，人们叫“云台”。相传秦始皇修筑长城时，把强征来的民夫士卒徙居于此，所以居庸关这个名字是取“徙居庸徒”之意。汉代沿称，三国时代改名西关，北齐时又称纳款关，唐代时有居庸关、蓟门关、军都关等名称。此后各代仍称居庸关，置身于此，便可体会到山峦间花木郁茂葱茏，仿如碧波翠浪，故有“居庸叠翠”之称，为“燕京八景”之一。

3. 黄崖关长城

黄崖关长城始建于公元556年，位于天津市蓟县北边。明代时，名将戚继光任蓟镇总兵，曾对此进行重新设计，大修包砖。这一段长城建筑特点是：台墙有石有砖，敌楼有圆有方，砌垒砖有空心有实心。关城塞堡、敌台水关，应有尽有，接山跨河，布局巧妙，集雄险奇秀于一身。

※ 金山岭

4. 金山岭长城

被誉为“万里长城，金山独秀”的金山岭长城，全线长10.5千米，坐落在距北京市区 140 千米的密云县与河北滦平县交界的燕山山脉中。它西起龙峪口，东止望京楼。这里长城上敌楼密集，一般 50～100 米一座，沿线有建筑各异的敌楼 67 座，烽火台 2 座，大小关隘 5 处。墙体以巨石为基，高 5～8 米，周围设有拦马墙、垛墙和障墙，形式多种多样，各具特色。

5. 山海关长城

※ 山海关

山海关是中国华北与东北交通必经的关隘，位于河北省秦皇岛东北部，1381 年（明洪武十四年），由大将徐达在此修筑长城，建关城设卫。关城因北倚峰峦叠翠的燕山山脉，南临波涛汹涌的渤海湾，因此得名山海关。关城平面呈方形，周长为 4 千米，高 14 米，厚 7 米。有四座城门，各门上都筑城楼，城中心建钟鼓楼，城外有护城河，其中当数东门最为壮观，名曰镇东，其内悬有“天下第一关”匾额，西门名迎恩，南门名望佯，北门名威远。

现今，属山海关境内的长城主要包括：老龙头长城、南翼长城、关城长城、北翼长城、角山长城、三道关长城及九门口长城等地段，全长 26 千米。山海关长城是万里长城的入海处，老龙头长城则是长城入海的端头部分，自古就有“中华之魂”的盛誉。

6. 嘉峪关长城

※ 嘉峪关

嘉峪关，建于 1372 年（明洪武五年），位于甘肃省嘉峪关镇西南隅，坐落在祁连山脉文殊山与合黎山脉黑山间的峡谷地带嘉峪塬上，是万里长城西端的终点，同时也是目前保存最完整的一座城关，早在汉隋两代就已在这里建有墩台，由于地势险要，建筑雄伟，自古就有“天下雄关”之称。嘉峪关是扼守河西走廊的第一要隘，也是古代丝路的必经之地。

7. 虎山长城

※ 虎山长城

虎山长城是明长城的东部起点，位于鸭绿江畔的虎山景区，虎山主峰高 146.3 米。峰顶是万里长城的第一个烽火台。这里山河秀丽、江川清碧、气候宜人、风景优美。站在虎山长城的烽火台上环顾四周，江城丹东的高楼大厦及鸭绿江大桥清晰可见，放眼远望，依稀可见烟波浩渺的黄海。再回首北望，阡陌纵横。朝鲜的义州、中国的马市沙洲和连接丹东与新义州的鸭绿江跃然入目。

8. 九门口长城

九门口长城全长 1704 米，距山海关 15 千米，位于辽宁省绥中县李家乡新台子村。它的南端起于危峰绝壁间，与从山海关方向而来的长城相接。然后，长城沿山脊向北一直延伸到当地的九江河南岸，在宽达百米的九江河上，筑起规模巨大的过河城桥，以此向北逶迤于群山之间。人们对九门口长城的形象描述便是“城在水上走，水在城中流。”

9. 大同长城

※ 大同

大同长城建于嘉靖年间，全长 335 千米，由宣大总督翁万达创修，战略地位重要，属明代九边重镇之一，该长城东起天镇县镇口台，西至丫角山（今内蒙古清水河子）。据史料《三云筹俎考·大同总镇图说》统计显示，大同镇先后修大边、二边 516.3 里；城堡 72 座（城 20 座，堡 52 座）；边城 776 个；火路墩 833 个。

边墙五堡是指大同明长城上修建的堡城。大同镇边墙五堡有三种，分别是内五堡、外五堡、塞外五堡，而通常所说的“边墙五堡”是指“内五堡”：即镇边、镇川、宏赐、镇鲁、镇河五堡；“外五堡”指的是镇羌、破鲁、灭鲁、威鲁、宁鲁五堡；“塞外五堡”分别为得胜、拒墙、拒门、助马、保安五堡。这些城堡均位于大同城北。如今，由镇边堡西经三墩、镇川口，西跨西寺梁山，抵宏赐堡这段内五堡长城，为黄土夯筑，墙体十分坚固，保存较为完好，城墙高 5 米以上，是大同市境内明长城较为突出的地段，它又与永固陵、万年堂邻近，是边塞风情旅游的最佳地段。登方山、越长城、攀堡台，如一条巨龙飞腾在塞上古城崇山峻岭之间，配上内堡外墩，烽堠相望，边塞风光尽收眼底，甚为壮观。

10. 大境门长城

大境门长城是长城中唯一一座以门命名的关口，它位于河北省张家口市市区，于明成化年间修筑，坐落在高耸入云的东、西太平山间。扼边关之锁钥，据长城之要隘。大境门门墙高 12 米，底长 13 米，宽 9 米。在其西侧有明万历年间开凿的西境门（小境门）。景区内有西太平山长城公园、来远堡、小境门、关帝庙、二郎庙、山神庙等众多明清历史遗迹，素有“万里长城长城第一门”之美称。

※ 大境门长城

11. 慕田峪长城

慕田峪长城属北京新十六景之一，位于怀柔区境内。长城西接居庸关长城，东连古北口。它的特别之处在于长城两边都有垛口，尤以正关台三座敌楼并矗最为特别，在慕田峪长城西端，有著名的长城景观箭扣、牛角边、鹰飞倒仰等，它们是万里长城的精华所在。慕田峪长城山峦叠嶂，

※ 慕田峪

植被覆盖率高达90%以上。1992年，该长城被评为北京旅游世界之最。2002年，被评为4A级风景旅游区。

自古以来慕田峪关就是拱卫北京的军事要冲，地理位置非常重要。自古被称为拱卫京师、皇陵的北方屏障，也是重要关口之一，有“危岭雄关”之称。慕田峪长城东接北京密云县的古北口，西连北京昌平县的居庸关，为明代所修筑，属京师北门黄花镇的东段。

12. 司马台长城

※ 司马台

司马台长城位于北京市密云县东北部的古北口镇境内，距北京120千米，东起望京楼，西至后川口，全长5.4千米，不仅风景秀美、还是一座文化遗产的宝库。司马台长城独具的五大特点是“险、密、奇、巧、全。长城沿线建有敌楼35座，整段长城构思精巧，设计独特新奇，结构巧妙，造型各异，堪称万里长城之精华。“中国长城是世界之最，而司马台长城又堪称中国长城之最”是著名长城专家罗哲文教授对司马台长城的称赞。1987年，司马台长城被列入世界遗产名录，属国家级重点文物保护单位，也是我国唯一保留明代原貌的古建筑遗址。

13. 古北口长城

※ 古北口

古北口长城主要由北齐长城和明长城共同组成，是中国长城史上最完整的长城体系，也是山海关、居庸关两关之间的长城要塞，古北口长城分别包括有卧虎山、蟠龙山、金山岭和司马台4个城段。历史上曾是辽东平原和内蒙古通往中原地区的必经之路，因此也是兵家必争之地，在辽、金、元、明、清这五朝，争夺更为明显，争夺古北口的

战役也频繁发生，由此可见长城的作用在当时是多么的重要。

14. 箭扣长城

※ 箭扣长城

箭扣长城因长城整段蜿蜒呈 W 形，状如满弓扣箭而得此名，它位于京郊怀柔县西北八道河乡境内，距怀柔县城约 30 千米，山势多样且富于变化。是明代万里长城最著名的险段之一。箭扣长城向来就是长城摄影的热点，也是近年来各种长城画册中上镜率最高的一段。

15. 齐长城

※ 齐长城

齐长城横穿山东半岛，西起济南长青区，东至青岛市黄岛经济开发区，原长度约为 500 多千米，是我国也是世界上现存最古老、而保存段落或遗迹较多的古长城，它同时也是我国的瑰宝。

有关齐长城的史料记载，最早出现在公元前 555 年（灵公二十七年）的《左传》。书中曾有："晋侯伐齐……齐侯御诸平阴，堑防门而守之"的文字记录。该长城是齐国在平阴修筑的一道防御工事，防门后来也一直是齐长城的一道重要关口。修建至今已有约 2500 多年的历史。

在《史记 · 楚世家 · 正义》引《齐记》中也可看到有关于此的记载："齐宣王乘山岭之上，筑长城，东至海，西至济州，千余里，以备楚。"该长城的修建大概始于春秋战国，完成约到齐威王和稍后一段时期。春秋战国时期修筑的齐长城和楚长城，都是中国乃至世界最古老的长城。齐长城始建于春秋战国时期，历时长达 2000 多年，总长度达 5000 米以上。

今天我们所说的万里长城多指明代修建的长城，它西起中国西部甘肃省的嘉峪关，东到中国东北辽宁省的鸭绿江边，全长 635 万米。如一条矫健的巨龙，越群山，跨沙漠，经绝壁，穿草原，蜿蜒起伏在崇山峻岭之巅，黄河彼岸和渤海之滨。古今中外，凡是去过长城的人，都会被长城的雄伟气势所震撼。曾留下“不到长城非好汉”的名句。

长城城墙的结构，主要是根据当地的气候条件而定的，有以下几种的构筑方法：版筑夯土墙法、泥土连接砖法、青砖砌墙法、土坯垒砌墙法、石砌墙法、砖石混合砌筑法和条石法七种。在地势坡度较小时，砌筑的砖块或条石与地势平行，一般采用砖砌、石砌、砖石混合砌的方法砌筑城墙，而当地势坡度较大时，则采用水平跌落的方法来砌筑。

如今的长城，早已失去了它的军事用途。它更多的体现出中华民族的精神文明，以此激励中华儿女保卫民族的爱国之心。同时也见证了中国人民在这块土地上团结一致拼搏进取，抒写的奇迹与辉煌。

长城，自它修筑之日起就成为中华民族坚不可摧、永不妥协的意志和力量的象征，它不仅是中华民族的骄傲，也是整个人类的骄傲。不但是一座独一无二的稀世珍宝，也是举世闻名的文物古迹。

知识链接

中国的长城自秦朝统一中国之后就已基本建成，是人类文明史上一项最伟大的建筑工程。后经历代王朝陆续修筑，其中以汉、明两代修筑的规模最为巨大。现存的长城为明朝所修筑，从渤海之山海关一路伸展直到甘肃省之嘉峪关。长城平均高度为7.8米，平均底部宽6.5米，而顶部为5.8米。它每隔100米就设一座长方形石台用作瞭望之用。

拓展思考

1. 你能背出多少首与长城有关的古诗词？
2. 你去过长城吗？长城的哪些景观最令你难忘？
3. 你对古人花大量人力、财力建造长城有什么看法？

耶路撒冷旧城

Ye Lu Sa Leng Jiu Cheng

※ 耶路撒冷旧城

耶路撒冷由东部旧城和西部新城组成，面积约为 158 平方千米，是一座位于巴勒斯坦境内的有着悠久历史和文化的名城。被誉为犹太教、基督教和伊斯兰教三大宗教的圣城，是古代宗教活动的重要场地，其旧城原名东耶路撒冷，位于犹地亚山区顶部，海拔 790 米，有犹太人区、穆斯林区、基督教徒区和亚美尼亚人区四个区。于 1948 年到 1967 年阿以战争期间被以色列占领，受约旦人统治。自 1967 年以来，则由以色列人统管朝圣。

由于宗教文化色彩浓厚，耶路撒冷每年都接待来自世界各地的犹太教、基督教和穆斯林朝圣者到来。那些属于这三大神教的虔诚朝圣者，如潮水般涌入耶路撒冷，把这座圣城变成了一幅色彩斑斓、汇聚了各色人等的油画。主要圣地都集中在耶路撒冷旧城一个由 4 千米城墙围起来的相对狭小的区域内。

◎耶路撒冷旧城现存古建筑

1. 哭墙

哭墙，又被称为西墙，它位于耶路撒冷东区老城的东部，长约 50 米，高约 18 米，由大石块筑成，是犹太教的遗迹。公元初年，欧洲人认为耶路撒冷是欧洲的尽头，而哭墙则是欧亚分界线。

公元前 10 世纪，犹太人大卫王率领各部落攻占耶路撒冷城，并以此作为统治中心，建立了以色列犹太国家。后来他的儿子所罗门在耶路撒冷

※ 哭墙下的朝圣者

锡安山上建立了圣殿。巴比伦人在公元前 6 世纪入侵耶路撒冷并焚毁圣殿，半个世纪后圣殿被重建，却又迅速遭毁。公元前 35 年，希律一世最后一次重建，命名希律圣殿。公元 70 年和 135 年，罗马人再次将圣殿焚毁。现在保存的西墙高 12 米，是圣殿被焚毁后在西院残墙基上修复起来的，通常以“哭墙”闻名于世。哭墙是古代犹太国第二圣殿护墙的一段，也是第二圣殿护墙仅存的遗址，此墙被犹太教看作是第一圣地，教徒到哭墙必须哀哭，以表示对古神庙的哀悼及期待其恢复。千百年来，流落在世界各个角落的犹太人回到圣城耶路撒冷时，便会来到这面石墙前低声祷告，哭诉流亡之苦，因此有“哭墙”之称。1981 年被列入《世界遗产目录》。

哭墙中间有屏风相隔，祈祷分男女两个区，男左女右，进入广场墙前，男士必须戴上传统帽子，若没有帽子，入口处备有纸帽供应，在离开之前交还，犹太人在祷告时不断摇头，因为祷告要不断提神的名字，为免妄称神的名，呼一次名，点一次头，愈点愈多，成为惯例，乃是恳切祷告的象征。女性在哭墙中不用蒙头，但在祷告后要一步一步退出祷告区域，退出时仍面向哭墙，以示恭敬，常见妇女在女性区域内涕泣交流地祷告。许多游客或以手抚墙面、或背诵经文、或将写着祈祷字句的纸条塞入墙壁石缝间。哭墙，历经千年风雨和朝圣者的抚触，墙身之石泛泛发亮，如神明之光。因人们在此墙前如泣如诉，所以哭墙又叫“叹息之壁”。

1967 年后，“哭墙”所在的街道被拆除，使之成了一片宽阔的铺砌广场。虔诚的犹太教徒热切希望能重建这一圣殿，但这很难做到，因为那意味着要拆除后来在遗址上建起的穆斯林圣所。

犹太教传说中，犹太救世主弥赛亚降临的先兆就是哭墙流泪。而这堵墙真的“哭”了，在这面巨大的石墙中间的一块巨石上，异样地出现了一道水渍，水渍经过几天风吹日晒既不扩大，也不消失，依然如故。这一现象让不少极端正统的犹太教人士激动不已。如果把水渍形容为“哭墙之泪”，那么哭墙实际上已流了三行泪。在哭墙前，我们能看到先前一行“泪”在距地面大约 6～7 米的高度处，位于哭墙中间靠左的位置，水渍呈长方形，虽然湿漉漉的，却并没有水滴下来。水渍四周一点水的痕迹也没有，都是干的，由于水渍正好位于一块巨石正面，因此，从地面看起来水似乎是从石头内部渗出来的。另外两处水渍都位于石墙的缝隙处。水从缝隙里渗漏出来，下面的石头也被浸润湿透，一些墙缝的填料同样被腐蚀掉，所以看起来更像两只“流泪的眼睛”。

传说，在罗马人焚烧所罗门圣殿时，犹太人聚集在西墙下，面对坍塌的大殿和残垣断壁失声恸哭。在此期间，有人曾看见有六位天使也坐在一面残墙上哀声哭泣。由于天使的泪水渗入石缝，从而使圣殿废墟的残壁永远不倒，时时刻刻见证着这段苦难与悲剧。今日的“哭墙”已是当年圣殿的惟一遗迹，面对这面悲情记忆的历史之墙，苦难的犹太人怎能不悲从心起，辛酸落泪呢？

哭墙真的会“哭”吗？经研究表明，哭墙出现水其实是一种会经常出现的自然现象，而这种现象并不是最近才有的，曾在一年半前就出现过。当时的解释为，因哭墙另外一侧用于滴灌的水管发生渗漏，而渗漏的速度和蒸发的速度正好相抵，所以水渍能够长时间既不消失也不扩大。当地有关专家、学者、研究者对哭墙水渍现象进行了调查分析，最后得出“哭墙之泪”其实并不神秘。以色列文物局在发布的调查结论中称，这一现象是由于一种长在石头中间的植物腐烂后引起的，属自然现象。“哭墙之泪”的传说虽然被现实否定了，但人们还是希望，有一天，和平会像阳光一样降临到这片土地上，那时的人们将不再互相杀戮，而是平等相待，和平共处，生活将会无限美好，到那时哭墙将不再流泪！而作为有神灵般魔力的哭墙也会恢复它本来的称呼——西墙。

其实，世界上有两座哭墙，一座是中东耶路撒冷东区老城东部的哭墙；一座是美国华盛顿纪念碑与林肯纪念堂之间草地上的哭墙。哭墙是为悼念故国或故人而修造的墙形纪念建筑物。耶路撒冷的哭墙不允许向正在祈祷的犹太人拍照。当然，游客在此处游览时也要尊重当地的民族文化和当地风俗。

2. 庄严的圣地

岩石圆顶寺又叫岩石圆顶清真寺，它是伊斯兰早期建筑中保存最完好、最为重要的杰作。在阿拉伯语中“萨赫拉”意为“石头”“岩石”，所以穆斯林将这座清真寺称为“萨赫拉”清真寺。

关于“岩石圆顶寺”的取名，曾有一段相关历史。公元 636 年，哈里发欧麦尔攻占耶路撒冷，他的继承人之一阿卜杜勒·马利克为遮盖被认为是先知穆罕默德有过梦境的那块岩石，在犹太人宫殿的遗址上建起了一座八角形的清真寺，所以该建筑物被取名叫“岩石圆顶寺”。岩石圆顶寺有一个底层外部由大理石建成的八角形底座，底座上部和支持圆顶的圆柱形墙壁上，全部用成千上万的上彩釉的陶块拼贴而成，饰以五颜六色的装饰物和苍古遒劲的《古兰经》经文，显得异常华美。

※ 岩石圆顶寺

1016 年，圆顶寺第一次倒坍，不久后得到修复。1033 年，地震将其破坏，后被修复。欧洲十字军东征时期，耶路撒冷被十字军攻克后，圆顶寺遭到洗劫并被改为一座教堂，欧洲骑士们称之为“上帝之庙”，他们用大理石盖住了穆斯林神圣的岩石，并在上面建了一座祭坛。1187 年，阿拉伯军队在萨拉丁的率领下解放该地，圆项寺重又回到穆斯林手中。1958 到 1964 年之间，该清真寺最后一次被彻底修葺。

如今，除星期五和伊斯兰教重大节日外，“岩石圆顶寺”已对所有的人开放。星期五是穆斯林会众的特殊祈祷日，伊斯兰教的各重大节日包括：纪念先知穆罕默德诞辰的“圣纪”、表示斋月结束的“开斋节”等。每当到了这些特殊节日，“庄严的圣地”入口就会被部署在木质大门对面的以色列士兵严加看守了起来。“岩石圆顶寺”不举行集会，集会地点在附近的艾格撒清真寺，艾格撒清真寺大致也建于同一时期。

3. 圣墓教堂

位于以色列东耶路撒冷旧城的圣墓教堂，建于公元 335 年，又称“复活大堂”，属耶路撒冷基督教大教堂之一，是耶稣基督遇难、安葬和复活的地方。传说耶稣被害前，就是沿着“受难之路”背负着沉重的十字架，一步步艰难地走向刑场的。圣墓教堂是耶稣坟墓所在地、基督教圣地。

※ 圣墓教堂

圣墓教堂由几座邻近的建在高低不等地基上的教堂组成，规模相当庞大，教堂用许多灯照明，阴暗是那里的主调，能使朝圣者保持心灵的虔诚并进行反省，因此显得尤为神秘。圣墓教堂是罗马皇帝君士坦丁一世的母亲圣海伦娜在耶稣被钉在十字架的小山包上建造的。当年的罗马人都选择地势高的地方处死犯人，这里是耶路撒冷的一个高处。走入圣墓教堂，右转踏上楼梯，就奔向了当年耶稣被钉上十字架的各各他山。圣墓大堂是基督教朝圣者在基督教各主要节日期间涌入耶路撒冷的首要目标，复活节及历史上一些重大事件节日之时，朝圣人数最多。

除上述重点介绍的三个古建筑外，旧城城墙、艾格撒清真寺和耶稣“受苦之路”（被定罪后走到被钉在十字架上的地点所经过的路）都是该城非常著名的历史古迹。

知识链接

作为犹太教、基督教和伊斯兰教三种宗教集聚地的耶路撒冷，具有极高的象征意义。联合国教科文组织为了对耶路撒冷这一跨国家、跨文化和跨宗教的重要城市表示赞颂，并使该城成为各族人民和平与理解的中心，特别推出了一个“信仰之路”项目，作为“世界文化发展十年”计划的一个组成部分。

拓展思考

1. 耶路撒冷为什么是巴以谈判的焦点问题？

2. 耶路撒冷为何成为三教（犹太教、基督教、伊斯兰教）的集聚地？

日本：白神山地

Ri Ben：Bai Shen Shan Di

※ 白神山地

有山岳地带通称的白神山地，面积达1300平方千米，高约1000米，是东亚地区仅剩的几片山毛榉原始森林之一。它位于日本北部青森县和饱田县之间的边界地区，距日本海15千米，是东西走向的山岳地带。

白神山地整个地区是一处国家森林，也是一个景色优美的旅游景地，1992年在自然保护法里被列入自然保护区。很多珍稀植物和珍贵的动物在这里都能看到。由于该地区地形复杂，谷壁大幅度倾斜，山地有许多落差很大的瀑布，景色也非常壮观。山地经过众多河川的长期冲刷，形成了深深的峡谷，地形跌宕起伏。多个溪谷和瀑布散落在山谷之间，如“真濑溪谷”、“暗门瀑布”、“太良峡”等，吸引了无数垂钓爱好者和健行游客。白神山地中最有名的景点要数“暗门瀑布”。在白神山地的西北山麓有被苍郁的山毛榉原始森林包围的十二湖，十二湖是由33个大小不同的湖泊组成，其中以青池湖最为有名，该湖由于湖水呈现钴蓝色，神秘中带点忧郁，吸引众多游客的到来。

◎山毛榉

与其他山区相比，白神山地虽然植物种类不算丰富，但该区却拥有世界上最大的毛榉林原始森林，是世界上毛榉林的惟一一处原始森林，也是亚洲最大的一处毛榉森林。古时候，山毛榉常被人们用作木材或用于生火，因此，除白神山地外，其他地方的毛榉林多是人工林或再生林。由于远离都市且地形非常陡峭，该区的原生毛榉林得到了很好保存，是日本稀有的自然森林遗迹之一。

※ 山毛榉

在欧洲、中国、北美、台湾和中美洲山毛榉森林都曾出现过，但由于多种因素的影响，最终只有日本的山毛榉森林得到比较完善的保留。由于冰河时代的影响，在欧洲被大量发现的山毛榉原始森林，只具有比较简单的生态系统和有限的多样化的植物种类。与欧洲相比，日本的山毛榉森林则具有极其丰富的生态系统和5～6倍的植物种类。1993年12月被登记为世界遗产。白神山地山毛榉森林的茂盛植物大约有500种，昆虫种类超过2000种。该区也是许多脊椎动物的家园，包括日本两种特有的哺乳动物：日本鬣羚和日本猕猴。除此之外，还有濒临灭绝的鸟类和许多无脊椎动物，这些独特的生物资源，构成了白神山地丰富、多样的自然生态系统。

另外，白神山地的河川在日本北部青森县和饱田县之间，所以两县各有分布。青森县地区有大川、暗门川、赤石川、追良濑川、竹内川。秋田县地区有粕毛川。各河川流域的山脊有海拔1000～1200米的群山组成。主要有大川流域的青鹿山、赤石川流域的魔须贺山、追良濑河流域的天狗山。还有把岩崎村和深浦町分开的起着分水岭作用的白神山。此外，还有县边境的二森、真濑山、雁森山和小山。

知识链接

日本气候的主要特征是终年温和湿润，属于海洋性气候。受太平洋季风和洋流的影响较大，因此气候变化较为复杂。北海道和东北地区属亚寒带多雨气候区，冲绳和奄美大岛属亚热带气候区，而其他地区基本都属于温暖潮湿气候区。这些地区之间的气温差别以及同一地区在一天中的温差都比较大。

拓展思考

1. 你所知道的日本比较著名的景点还有哪些？
2. 本文中的哪些事物给你留下了较深刻的印象？

印度：泰姬陵

Yin Du：Tai Ji Ling

※ 泰姬陵

泰姬陵是莫卧儿王朝第五代皇帝沙·贾汗为了纪念自己的爱妃阿姬曼·芭奴而建立的陵墓。位于今印度距新德里 200 多千米外的北方邦的阿格拉城内，在亚穆纳河右侧，历时 22 年完成，是印度知名度最高的古迹之一，被誉为“完美建筑”。泰姬陵分别由殿堂、钟楼、尖塔、水池等组成，建筑材料均用纯白色大理石，再由玻璃、玛瑙镶嵌，看起来绚丽夺目、美丽绝伦。泰姬陵是伊斯兰教建筑中的代表作，2007 年 7 月 7 日，被评为世界新七大奇迹之一。

用纯白大理石砌建而成的泰姬陵主体建筑在当地最引人注目：陵园占地面积 0. 17 平方千米，是个略呈长形的圈子，周围以红沙石为墙，大门进口也用红岩砌建，大约有两层高，门顶的背面各有 11 个典型的白色圆锥形小塔。大门一直通往沙杰罕王和王妃的下葬室，室中央摆有他们的石棺，庄严肃穆。一条清澄水道从泰姬陵的前面流过，水道两旁种植的果树和柏树，分别用来象征生命和死亡。皇陵的建筑设计要求对称格局，即讲究上下、左右的对称，中央圆顶高 62 米，四周有四座高约 41 米的尖塔，塔与塔之间耸立了镶满 35 种不同类型的半宝石的墓碑。

◎创建背景

关于这座赫赫有名的建筑奇迹，相传有一段哀怨缠绵的爱情故事：“一个悲痛的丈夫，动用了王室的特权，倾举国之力，耗无数钱财，用 22 年的时间为爱妻写下了这段瑰丽的绝响。”知道这段故事的人，都会为主人公的经历感到震撼和惋惜。

沙·贾汗意为世界之王，沙·贾汗是库拉姆在一次战争取胜之后为自己改的名字。沙·贾汗的第二任妻子阿姬曼·芭奴，是一位具有波斯血统的绝世美女，她性情温柔，擅诗琴书画。21 岁时嫁给沙·贾汗。婚后与丈夫同甘共苦，形影相随，足迹遍布疆场，得到宫中最高头衔——泰姬·马哈尔。1631 年，39 岁的阿姬曼·芭奴在跟随沙·贾汗南征时，因难产而死。在她婚后 18 年里，共为沙·贾汗生下 14 个子女。但存活的只有 4 男 3 女。对阿姬曼·芭奴的死，沙·贾汗非常痛苦且伤心欲绝，为表达他对宠妃的思念之情，他决定为宠妃建造一座全世界最美丽的陵墓，同时，下令宫廷为她致哀两年，禁止一切娱乐活动。

印度北部亚穆纳河转弯处的大花园位于亚穆纳河下游，十分空旷。1633 年，沙·贾汗把此地选作泰姬陵的地址。在此处，沙杰汗可以从河上游的阿格拉城堡上远远地望着它。建筑学和珠宝又是最受沙杰汗喜爱的，因此，他选用大理石建造泰姬陵，并用十分精巧的手艺在大理石上镶嵌无数宝石用以装饰。先后共计有两万多本国以及波斯、土耳其、巴格达的建筑师、镶嵌师、书法师、雕刻师、泥瓦工参与了泰姬陵的建设。该工程建筑均选用上乘材料其中包括：印度国的大理石，中国的宝石、水晶和玉、绿宝石，巴格达和也门的玛瑙，斯里兰卡的宝石，阿拉伯的珊瑚等。

虽然泰姬陵是一座陵寝，但当人们置身其中，却并不会感到陵寝的冷寂。在一天里不同的时间和不同的自然光线中，泰姬陵显现出完全不同的特色，花园和水中倒影融合在一起和谐对称，创造了令无数参观者惊叹不已的奇迹。至今，没有一位建筑师被肯定地记录参与了陵寝的建造——因为建造它的本意在于让人们只记住在陵寝里的人，相传，曾有一位法国人和一位威尼斯人参与了工程的部分工作。

凌晨时分，当朝霞洒向大地的时候，泰姬陵显得非常安静，初升的红日伴着朱木拿河袅袅的晨雾，仿佛要将它从睡梦中唤醒。到了中午，泰姬陵头顶蓝天白云，脚踏碧水绿树，在南亚一向耀眼的阳光的映衬下，更显得玲珑剔透，光彩夺目。傍晚将至，暮霭沉沉，泰姬陵如一位娇柔女子，迎来了它一天中最妩媚的时刻，夕阳斜斜垂下，白色的泰姬陵开始从灰黄、金黄，逐渐变为粉红、暗红、淡青色，随着月亮的冉冉升起，最终又变成银白色。月色朦胧的深夜里，泰姬陵显得格外高雅别致和皎洁迷人，犹如美人泰姬在含情沉思。据说，朗月当空的夜晚，是泰姬陵最美丽的时候，白色的大理石陵寝，在月光映照下会发出淡淡的紫色光，清雅出尘，美得仿佛下凡的仙女。泰姬陵以它独特的美，感染着人们的心，也展示着一代君王对爱妃的深情思念。泰戈尔曾说："泰姬陵是'永恒面颊上的一滴眼泪'"。一个如此凄美的比喻，必然连着一个美丽而又凄凉的故事。正如美国著名作家马克·吐温所说，爱情的力量在这里震撼了所有的人。

大英帝国入侵南亚地区时，泰姬陵建成了大约有一个世纪，征服者不仅掠夺了印度的财富，还企图毁灭它的文明。据史料记载，在印度沦为殖民地期间，阿格拉的古堡曾被征用为军营，德里的红堡曾被改建为兵工厂，西坎德拉花园成了英国工程师的"疗养所"，而泰姬陵则被改成了英国青年们娱乐的舞厅，他们同时还将泰姬陵开辟为野餐的场所，统治者在酒醉饭饱之后用随身带进去的铁锤、凿子，敲凿陵墓上的宝石和珍珠。更令人感到气愤的是，当时在印度的英国总督还制订了一个拆掉泰姬陵拍卖的计划，施工机械已经开进了陵园。后来由于在伦敦的第一次拍卖宣告失败，才放弃了这一计划，而使泰姬陵才有幸得以保存。

知识链接

泰姬陵作为一代君王对爱情的思念和坚持，是沙杰汗煞费苦心地为爱妃建造的宏伟、富丽堂皇的陵墓，它不仅是一座伟大的爱情纪念碑，也是世界奇迹之一。

其建筑风格充分展现了当时世界高超的建筑设计水平，也体现了最佳的建筑艺术风格。

在泰姬陵建成不久，沙杰汗便被儿子废除了王位，囚禁在阿格拉城堡，最终伤心忧郁而死。沙杰汗死后与爱妃合葬在泰姬陵。

拓展思考

1. 从美丽的泰姬陵传说里，你从中受到哪些启发？
2. 你知道中国有哪些著名的古建筑吗？
3. 我们应该如何保护古代文物？

印度尼西亚：乌戎格库龙国家公园

Yin Du Ni Xi Ya：Wu Rong Ge Ku Long Guo Jia Gong Yuan

印度尼西亚境内的乌戎格库龙国家公园，位于爪哇岛最西南端，占地面积约为800平方千米，包括乌戎格库龙半岛和几个近海岛屿。1992年2月1日，它和喀拉卡特岛自然保护区一起被列为世界遗产保护区。该地属于热带海洋性气候，区内环境清新宜人，自然风光壮美秀丽，在爪哇平原上还保留着最大面积的低地雨林，可见到几种濒危的植物和动物，尤以爪哇犀牛受到的威胁最大。此外，该地还有著名的喀拉喀托活火山，为更好地研究内陆火山的提供了例证。

※ 乌戎格库龙国家公园

1991年，根据自然遗产遴选标准N（III）（IV），乌戎格库龙国家公园被列入《世界遗产目录》。

◎自然资源与旅游特色

乌戎格库龙毗邻印度洋，广阔的印度洋海域是游览公园的主要路径。其北、南、西三面环海，东部的弘杰山脉是唯一的内陆边界，海拔620米的弘杰古农峰是该山脉的最高点。

该山脉的最高峰是乌戎格库龙国家公园。区内的动植物主要生存在低地雨林、沼泽、红树林及海滨森林里。来到爪哇半岛游览，游客还可以潜入海底，在精致的珊瑚礁丛林中畅游一番。在爪哇岛的雨林、沼泽、红树林及海滨森林植被中，棕榈树随处可见。因安克一克拉克特岛是在克拉克特火山爆发后形成的，所以岛上的动植物种类比较稀少，且各自的发展历史都相对较短，在这个熔岩遍布的岛上，仅仅有一些小的动物和一些鸟类栖息。在海拔相对稍高的山上，植被主要分布在草地、海滨森林、雨林和藓类林中。该区域内植物茂盛，遮天蔽日，地面上则生长着众多苔类。

爪哇犀牛是世界上最罕见的哺乳动物之一，它喜欢栖息在低地雨林的水塘边，以树枝，嫩叶和果子为食。爪哇犀牛属独角犀牛的一种，是印度犀牛的近亲。在过去，爪哇犀牛曾一度被认为和印度犀牛是同一物种，而实际上印度犀体形要较大些，而相对来说爪哇犀皮肤要更光滑一些。尽管它的视力不好，但爪哇犀牛却有着敏锐的嗅觉和听力。由于爪哇犀牛数量少，且它们习惯选择人迹罕至的地方单独栖息，所以人类还不十分清楚其生活习性。

※ 犀牛

过去，爪哇犀牛普遍分布于孟加拉国东部，以及中国西南部、越南南部、泰国、老挝、柬埔寨和爪哇岛。现在，只分布在爪哇岛的乌戎格库龙国家公园和越南的 Cat Tien 国家公园，乌戎格库龙公园是现存的爪哇犀牛的惟一栖息地。乌戎格库龙国家公园被列为世界自然遗产的一个重要原因正是基于此点。据统计，爪哇犀牛群的数量仅为 50 至 60 头，属于极其珍贵的罕见物种。

爪哇犀牛濒临灭绝的原因主要有两方面：一方面，犀牛角作为名贵的中药且还有更多其他用途，导致犀牛被大量偷猎。如亚洲犀牛角以 1 千克 3 万美元的价格在黑市上被买卖。其价格是非洲犀牛角价格的 3 倍。另一方面，随着人口的快速增长，大片的森林被开辟成农田，爪哇犀牛赖以生存的栖息地遭到破坏并随之大量减少，导致其濒临灭绝。爪哇虎在 40 年前已绝迹。

知识链接

每年的四月到八月之间，是到乌戎格库龙国家公园游览的最佳时间，这期间印度洋海域较为平静，可以减少很多不必要的风险和危害。乌戎格库龙国家公园为游客提供住宿的地方，游客们游览时只需自带食物即可。

拓展思考

1. 爪哇犀牛数量减少和濒临灭绝的主要原因是什么？
2. 你知道申报世界自然遗产的项目需要满足哪些条件吗？
3. 除爪哇犀牛，乌戎格库龙国家公园里还有哪些珍贵动物？

韩国：济州岛国家地质公园

Han Guo: Ji Zhou Dao Guo Jia Di Zhi Gong Yuan

韩国的第一大岛——济州岛，位于朝鲜半岛西南海域，是一座典型的火山岛，由 120 万年前火山活动形成，岛中央是火山爆形成的海拔 1951 米的韩国最高峰——汉拿山。济州岛上不仅景色众多而且风光优美，因受近海暖流的影响，属海洋性气候，温和宜人，素有“韩国的夏威夷”之称。吸引着无数中外游客前来观光。

美丽的济州岛继承了古耽罗王国特别的民俗文化——“三多”“三无”和“三丽”。

“三多”即石多、风多、女人多。“三无”就是无乞丐、无小偷、无大门。“三丽”指的是民俗、水产品和传统工艺。这些民俗文化贴切地反映了济州独特的自然文化景观和济州人民朴实的民情。

◎简介

济州岛处在远东地区的中心部位，北距韩南部海岸 90 多千米，东与日本九州岛隔海相望，它的面积约为 1825 平方千米，由火山物质构成，包括 26 个小岛，岛形椭圆。地扼朝鲜海峡门户，因此地理位置极为重要。岛上数以百计的丘陵、滨海的瀑布、悬崖和熔岩隧道在这里“生根”。不仅学术价值极高，自然景观也尤为出色，因而获选为世界级休养圣地。

※ 济州岛

冬季的济州岛干燥多风，最低气温在 1℃。夏季潮湿多雨，最高气温在 33.5℃。年平均气温在 16℃ 左右。虽然济州岛的四季都拥有各自季节中最美的景色，相比之下春秋季节，更适合游览济州岛。

春天的济州岛，樱花、油菜花、杜鹃花竞相绽放，景致迷人。这个季节，无论是樱花大道上的樱花节，还是中文旅游区内的油菜花都刚刚进入高潮，美丽的景色和精彩的活动在这里得到了完美的结合。到了秋天，紫芒花把济州岛装扮得风姿卓越，连被满山枫叶染红了全身的汉拿山也陶醉在秋风中，站在汉拿山山顶，西归浦海岸的美丽风光便可以尽收眼底。

夏季来临的时候，翠绿的丛林中不时会传出悦耳的鸟鸣声和流水声。遍布山间的瀑布、神奇的溪谷遗迹、浓密的绿荫绘成一幅绝妙的山水风景画。而在济州市内著名的商业街区塔洞公园举办的海滨节正是在这个季节，炎夏里，如果跳进海水浴场，痛快淋漓地洗一个海水澡，不失为很好的选择。至于走进白雪皑皑的冬天，更是妙不可言，白雪把枯树及万物装点一新，其景象美丽动人，让人无限遐想。

◎济州岛的历史

关于济州岛是个“神话之岛”的历史，自古留传有一个传奇的神话故事。相传，有三位仙人，遇到了三位公主，这三位公主都从东海碧浪国乘木舟而来，她们随行还带着牛马和五谷的种子。三位仙人和这三位公主结了婚，建立村落后开始长期生活。“三姓穴”就是关于这个神话的历史遗迹，也是济州著名的景点。

据说，济州在三国时期已经被称为“耽罗”的古代国家，到高丽高宗时才改称“济州”。而济州特别自治道的历史，可以追溯到古石器时代。通过考古学家对当地遗迹的研究表明，当时的人们主要居住在洞穴或岩窟中，在遗址中还发现有打制石器、磨制石器等遗物，还出土了青铜器、铁器时代的遗物。散布于岛内四处的支石墓、磨制石器、土器、瓮棺墓，是研究济州历史起源的重要资料。岛夷、东瀛州、涉罗、耽牟罗、托罗等都是济州的古名，在这些名称中，除了“东瀛州”以外，其它都为“岛国”的意思。

“海女”是济州岛流传的一种原始习俗职业，由于远离半岛，济州岛上保留了一些原始习俗。那里还可以看到母系社会的痕迹，在家庭生活中，妇女处于当家、谋生的主导地位，而最典型的“职业妇女”就是“海女”。在韩国，“海女”是一个古老的职业，她们常要潜入水下沿峻峭的礁石采集贝类、鲍鱼、海参和海螺等海产品，而男人们却留在家里照料家务。

开始时“海女”只在距岸近的浅海中捕捞。后来才潜入深海。她们腰系救生绳，面戴护目镜，潜入较深的海中，用特制的尖刀，撬出海底石头上的珠贝，带回海面。到了近代，随着珍珠养殖业的发展，原来的“海女”大部分不再像从前那样潜海捞珍珠贝了，从事捕采珍珠母贝的“海女”也越来越少。不过，至今韩国沿海仍有7000名妇女，为保留“特技”，继承祖先的职业继续做“海女”工作，目的是给旅游者表演。在韩国的济州岛，游人们经常能看到黝黑皮肤、长发高盘、身穿黑紧身潜水衣，背色彩鲜艳的背囊，一个猛子扎进海里的“海女”。她们也是这一带村落里最富有，地位最高的女人……

◎优美的旅游景点

城山日出峰原是火山岛，高182米，为十万年前火山从海底爆发所形成的山峰。99个大大小小的石峰像卫士一样守护着日出峰火山口，远远望去，沿着海岸绝壁就好似一座古城因此得名“城山”。在城山日出峰可以观赏壮观的海上日出。在这里，人们把太阳升起的过程叫做“日出”，把升起的太阳叫做“出日”。站在山顶眺望日出景观，被列入济州岛美丽景色中的首选。每年春天，油菜花开时节，附近黄灿灿的成片小花，配上绝妙的日出景色更是让人流连忘返。

※ 城出日出峰

2000年7月19日，城山日出峰被指定为地方天然纪念物。2007年，被联合国教科文组织指定为世界自然遗产。其周围的旅游景点主要有：牛岛、新阳海水浴场、摄支考地、日出乐园、城邑民俗村等。

总长达13，422米的万丈窟，宽约5米，高5～10米，是世界最长的熔岩洞窟。形成于约250万年前，直到现在保存状态仍旧良好，呈现雄壮和神秘之感，游人可步行至洞窟内1千米参观。

“天地渊”这三个字本身就含有天与地交界形成的池塘之意。

“奇岩绝壁高耸入云，瀑布从黑色熔岩的悬崖峭壁上倾泻而下，宛若从九天落下的银河，发出雷鸣般的声音。”此言说的正是“天地渊瀑布”。那里的湖水中，栖息着喜夜晚活动的花鳗鲤，可供在晚上观赏，为此天地渊瀑布特地设有夜间照明设备。每当夜幕降临，华灯初上之时，瀑布从天

※ 万丈窟

※ 天地渊瀑布

而降，水珠飞溅，流光溢彩。瀑布所在的溪谷中还生长着由稀有植物与温带植物组成茂密的森林。如天然纪念物——胆八树。

自西归浦港一直通到天地渊瀑布的散步小道上，有许多可以休憩的空间，宁静幽雅，路边生长着樱花、踯躅花，让同行的情侣甚为喜欢。

知识链接

济州岛上有个岛有“三多三宝”。三多是风多、石多、果树多，而三宝指的是海产、植物和方言。由于气候温和，岛上种植柑桔、葡萄柚和红桔，岛上的西归浦是韩国柑桔生产的中心。果园四周建有高高的石墙，主要是为了保护果树不受岛上强劲海风的侵袭。济州岛的东部是大片适合于放牧的草地，使得该岛许多世纪以来一直是韩国的主要牧场。岛上一个占地 8 万公顷的牧场是亚洲最好的牧场之一。济州岛历史上曾以饲养马匹闻名，如今岛上仍有 3000 多匹骏马，约占韩国马匹总数的三分之二。

拓展思考

1. 关于济州岛你还知道哪些传说故事？
2. 济州岛还有哪些著名的旅游景点？

中国：云南石林国家地质公园

Zhong Guo: Yun Nan Shi Lin Guo Jia Di Zhi Gong Yuan

云南石林世界地质公园是世界惟一位于亚热带高原地区的喀斯特地貌风景区，位于中国云南省昆明市石林彝族自治县境内，距省会昆明 78 千米，总面积 400 平方千米，海拔在 1500～1900 米之间。该公园属亚热带低纬度高原山地季风气候，冬无严寒、夏无酷暑、四季如春，素有“天下第一奇观”“石林博物馆”的美誉，是首批中国国家重点风景名胜区、中国国家地质公园、世界地质公园，与北京故宫、西安兵马俑、桂林山水齐名，属中国四大旅游胜地之一。

※ 云南石林国家地质公园

◎公园规模

云南石林世界地质公园是以石林地貌景观为主的岩溶地质公园，主要地质遗迹类型为岩溶地质地貌。石林形态类型多种多样，主要有剑状、塔状、蘑菇状及不规则柱状等。从这里连片出现的石柱群远远望去，形如树林，人们望物生意称其为“石林”。石林地貌造型优美，似人似物，在美学上达到了极高的境界，具有很高的游览价值。园区内环境宜人，彝族风情浓厚，与石林地貌相配合形成了天

※ 云南石林

人合一的和谐美景。能把当地文化、地质形成、生态保护和完善管理有机融为一体，只有云南石林能够做到，这在世界上都堪称惟一。

◎特色景点

云南石林景区范围广阔，景点众多。主要景区有：石林风景区、黑松岩风景区、飞龙瀑风景区、长湖风景区、月湖风景区、芝云洞风景区、奇风洞风景区、圭山国家森林公园等。其中石林风景区、长湖风景区、黑松岩（乃古石林）风景区、飞龙瀑（大叠水）风景区为已开发为游览区。

石林，是一座名副其实的由岩石组成的“森林”。行走其中，可见怪石林立，姿态各异，突兀峥嵘。由于石灰岩的作用，使石柱彼此分离，经过常年的风雨侵蚀，无数的石峰、石柱、石笋、石芽、形成了集奇石、溶洞、瀑布、湖泊、峰丛和丘陵于一身而显得千姿百态的石林。早在2亿7千万年前，石林大地上崛起了千余平方千米的石头“森林”，它不仅是石头铸就的大海，也是岩石雕塑的森林。云南石林喀斯特地貌，无论是类型分布的多样性、地质演化的复杂性、熔岩发育的独特性、岩石机理的美学性还是人文风情的融合性、入内观赏的通达性等等方面，在世界同类型喀斯特地区都是名列前茅的，尤其是石林有部分区域是石灰岩与玄武岩交叠覆盖演化成的地质地貌，更是世界罕见。

※ 喀斯特岩溶地貌

在“石林”以北13千米处有一处名曰“乃古”的石林，也可叫摩寨石林，该石林占地面积333.3万平方米，有6千米多的新辟游路。与“石林”相比，这里又是另外一种特色和风格。因为“乃古”彝语意为黑色，“乃古石林”即黑色的石林。当走进乃古石林，便可见一片黑森森的怪石如大海怒涛冲天而起，气势磅礴，如壁垒森严的古代战场，令人思绪万千。石林中石质古朴黝黑，深沉玄奥，一种神秘和苍茫之感将油然而生。景区内还有神奇瑰丽的地下溶洞，属地下岩溶地貌。人们称它为白云洞或水晶宫，有的状如梯田、农舍，有的又如各种动、植物，有的敲之声如钟磬。山下还有白云湖，波光云影的湖面异常宁静。真正是心如止水。

喀斯特岩溶地貌，是3亿年来地质变迁与风雨剥蚀留下的遗迹。在世界各地发现的为数有限的石林中，云南石林以其特有的地质科学价值享誉世界，它不但以其成因复杂、类型多样、形态奇特、发育历史久远而具有代表性、典型性和惟一性，而且还具有较高的科研科普价值，是世界惟一能以石林发育遗迹和石林景观系列展现地球演化历史的喀斯特地貌区。

◎石林历史

早在3亿年前，石林地区还只是一片汪洋大海。到了200万年前，碳酸盐岩从海底升起，经过海水、雨水的长期溶蚀、冲刷，以及风化作用等，逐渐形成千百座拔地而起的石峰、石竹、石笋等。由于这里的岩溶石柱密集整齐，雄伟高大，分布区域广阔居世界各国石林之首，所以被列为地球八大自然景观之一。

2006年1月13日，“石林”在以云南石林、贵州荔波、重庆武隆为主的“中国南方喀斯特世界自然遗产”申报项目被国家建设部确定并报经国务院批准后，正式呈报联合国教科文组织世界遗产中心，成为中国2006年惟一的世界自然遗产申报项目。

※ 剑锋

云南石林喀斯特申报地核心区即特级和一级保护区，面积120平方千米。缓冲区即二级和三级保护区，面积230平方千米，是最典型和丰富的大陆剑状喀斯特地貌，罕见的多阶段复杂地质演化历史，满足世界自然遗产评选的一、二条标准。

"天下第一奇观"云南石林，以其独特的雄姿、意境和无法抗拒的魅力，与浓厚的撒尼民族文化紧密相连，使自然美景和人文风情的完美地交汇融和。大自然鬼斧神工的奇丽风光与承载厚重历史沉淀的民族文化交相辉映，走过了千年的沧桑岁月，同时也传播着千年的浪漫传奇。

世界遗产是一项世界殊荣，是国际社会对一个地区优秀自然、文化遗产的认可。世界自然遗产是一个地区自然资源和价值的顶级品牌，得到全世界的广泛认同，具有无比的权威性事实表明，世界遗产大国都是旅游大国，世界遗产地都是旅游胜地。

对于"石林"景区来说，拥有了"世界自然遗产"的称谓，石林资源就能够按照国际标准得到永久保护，石林的知名度也会因此大大提高，这从根本上巩固和加强了石林县在中国乃至世界上旅游资源大县的声誉和地位，并为其带来巨大的经济效益，为可持续发展打下更加坚实的基础的同时，也为子孙后代留下了一块永远受益的金字招牌。

和石林相伴的彝族撒尼人，不仅创造了丰富的历史文化，还创造了以"阿诗玛"为代表的民间艺术文化。《阿诗玛》是撒尼人民世世代代的集体创作，充分体现了该族人民的生活习惯和风俗人情，是流传在撒尼人民口头上的一支美丽的歌，通过对阿诗玛不屈不挠地同强权势力作斗争的故事的讲述或演唱，揭示了真善美终将代替丑恶，反映了彝族撒尼人"断得弯不得"的民族精神，被撒尼人称为"我们民族的歌"。现如今，阿诗玛的传说已成为撒尼人日常生活、婚丧礼节以及其他风俗习惯的一部分，它的艺术魅力将随时间的流逝而弥久愈新。

知识链接

·你知道岩石上为什么有许多小空洞吗？·

岩石上的空洞是地下水原来的通道，当岩石还未出露地表时，地下水就在这些空洞中流动。持续的溶蚀作用使空洞口径不断扩大，彼此贯通，形成纵横交错的管道网。之后，由于地壳抬升，地下水位下降，早期的管道被废弃并出露地表。而新的管道系统又在更下部的岩石中形成。

拓展思考

1. 十大世界文化遗产主要包括哪些？
2. 世界自然遗产评选的四条标准是什么？

中国：安徽黄山国家地质公园

Zhong Guo: An Hui Huang Shan Guo Jia Di Zhi Gong Yuan

※ 安徽黄山国家地质公园

有“天下第一奇山”之美称的黄山位于中国安徽省南部黄山市境内。为“三山”之一。“五岳归来不看山，黄山归来不看岳”便是徐霞客对黄山美景的赞叹。自古黄山不仅是著名的避暑圣地，也是道教圣地。2004年2月13日，联合国教科文组织世界地质公园专家评审会宣布中国黄山正式入选世界地质公园。安徽黄山国家地质公园，占地面积约1200平方千米，位于风光秀丽的皖南地区。

◎公园概述

黄山属于花岗岩峰林景观，以雄伟著称，千米以上的高峰共72座，且各各峰高峭拔。山体峰顶尖陡，峰脚直落谷底，形成群峰峭拔的中高山地形。山顶、山腰和山谷等处，广泛地分布着花岗岩石柱和石林。

安徽黄山是由间歇性上升形成了三级剥削面而形成的。1.4亿年前，地下炙热岩浆开始沿地壳薄弱的黄山地区上侵。6500万年前后，黄山地区的掩体也发生了强烈的隆升，随着地壳的间歇抬升，地下岩体及其上的覆盖层遭受风化、剥蚀，同时也受到来自不同方向的各种地引力的作用，在岩体中又产生出不同方向的节理。这些岩体，由于在矿物组分、结晶程度、矿物颗粒大小、抗风化能力和节理的性质、疏密程度等多方面的差异，造成了宛如鬼斧天工般的黄山美景。

◎黄山第四纪冰川遗迹

黄山冰川遗迹是中国著名地质专家李四光在1933～1936年间所发现，

冰川遗迹是冰川流动时裹带的石块，在花岗岩壁上摩擦刻划成的条痕，所以又叫冰川擦痕。冰川有大自然的“雕塑家”之称，在新生代以来的地质史上，全球发生过多次寒冷事件，形成了全球性冰川期，黄山地质公园也留下了它的痕迹。在低纬度温带地区这一现象是不多见的。经研究发现，黄山花岗岩地区存在和发育有第四纪更新时期冰川遗迹，此研究引起了国际地学界的广泛重视。有专家认为该区属温带湿润气候，气温并没有达到终年积雪不化而形成冰雪积累的条件，黄山的峰谷特征，亦与冰川地貌不符。

※ 人字瀑悬谷遗迹

◎人文景观

安徽黄山地质公园具有黄冈岩地貌、水文地质遗迹、第四纪冰川遗迹等地质遗迹和地质景观资源，同时还具有丰富的人文景观资源和动植物资源，是一座集山、水、人文、动植物为一体的大型花岗岩区天然博物馆。以古桥、古登道、摩崖石刻与黄山山水画为特征的黄山地质公园底蕴深厚，它的文化渗透在雄奇秀美的自然山水之中。其中，黄山画派在中国画坛上占有重要位置，其发展对中国山水画产生了重大的影响，是研究中国文化、中国画史的重要资料。

◎旅游景点

迎客松是黄山的标志性景观，挺立于玉屏风东侧的文殊洞上，虽然树龄已逾千年，仍旧枝繁叶翠。在 10 米多高的树干上，从中部伸出长达近 8 米的两段大树枝展向前方，姿态苍劲、翠叶如盖的形象非常可爱。而它刚毅挺拔，彬彬有礼的外形，恰似一位好客的主人，挥展双臂，热情欢迎海内外宾客的到来。游人至此，看到它顿觉游兴倍增，纷纷合影留念，引以为幸。

迎客松是松科松属的常绿乔木，其外形与我国华北、西北的油松极为相似，故过去一直被当作油松。在黄山、清凉峰自然保护区、牯牛降自然

※ 迎客松

保护区以及与浙、赣交界山地，海拔 600～700 米以上地带中均有分布。1936 年，我国植物学家们来到这里进行实地考察后得出黄山松针叶短、微细，树脂道的数量、位置与油松截然不同，是一新种，定名为黄山松。1961 年，著名林学家郑万钧等将黄山松与台湾松合并为一种，仍保留“黄山松”这一种名。

黄山迎客松不仅是黄山的象征，也是中国人民热情好客的象征。在北京人民大会堂安徽厅里，有黄山迎客松的巨型铁画，党和国家领导人多次在铁画前与外国客人合影留念。1994 年，人民大会堂东大厅也悬挂了国画《迎客松》，作者是黄山籍画家刘晖。作为中国人民同世界人民友谊的象征，迎客松早已蜚声中外。我国国家领导人曾在人民大会堂的巨幅“迎客松”国画前，接见过无数友好使者，同世界各国人民结下了深厚的友谊。迎客松作为国之瑰宝，是当之无愧的。

玉屏楼是黄山奇景之集大成的绝佳处，位于天都、莲花两峰之间。俗语中的“不到文殊院，不见黄山面”中的文殊院就是指玉萍风景区。玉屏楼左右各有石狮、象石两块奇石，如同门卫；前后各有迎客松、送客松两株奇松，迎来送往，姿态喜人。

同时这里也是观赏云海景观的最佳地方，天气晴朗时还可以看到附近的“仙人过海”“羊子过江”“金鱼望月”等奇岩巧石，真是迷人秀色，如画美景。

知识链接

地质遗迹是地质时期由于内外动力的地质作用形成发展并遗留下来的不可再生的自然遗产。重要的地质遗迹不仅是宝贵的自然资源，也是生态环境的重要组成部分，是构成自然生态环境的基本格架，是影响生物多样性和人类生存的基本要素。

拓展思考

1. 我国地质环境资源的特点是什么？
2. 安徽黄山是有哪三个称号的世界名山？
3. “三山五岳”分别是指哪三山哪五岳，它们都位于哪里？

中国：武陵源自然风景区

Zhong Guo：Wu Ling Yuan Zi Ran Feng Jing Qu

武陵源区位于湖南省西北部，距省会长沙约 400 千米处，面积 390.8 平方千米，是世界著名风景区之一。主要由张家界国家森林公园和索溪峪、天子山两个自然风景区组成。区内千米以上的峰林有 243 座，最高峰是兔儿望月峰，海拔 1264.5 米。这里沟谷纵横，长度超过 2000 米的沟谷有 32 条，总长度达 84.6 千米。区内多石英砂岩，这些石英砂岩裸露在地表，经过流水的长期侵蚀，形成了该地最奇特的景观——石英砂岩峰林地貌。

※ 武陵源自然风景区

武陵源风景名胜区到处都是石柱石峰、断崖绝壁、古树名木、云气烟雾、流泉飞瀑、珍禽异兽，是自然形成的自然景观，游人到了这里，犹如到了一个神奇的世界和趣味天成的艺术山水长廊。

※ 金鞭溪

武陵源中的独特石英砂岩峰林在国内外都是非常罕见的。现今所知有 3000 多座山峰，这些突兀的岩壁峰石，层峦叠嶂，连绵万顷。每到雨过天晴或阴雨连绵天气之时，山谷中生出的云雾，缭绕在层峦叠嶂之间，云海时淡时浓，石峰若隐若现，景象变幻万千。该地区众多的瀑、泉、溪、潭、湖各具特色，生动可爱，是一个山清水秀、山水环绕的好地方。金鞭溪便是其中一条十余千米长的著名溪流，从张家界沿溪一直可以走到索溪峪，两岸峡谷对峙，山水倒映溪间，别有趣味。

武陵源的溶洞数量多、规模大，极富特色，其中最为著名的是索溪峪的“黄龙洞”。黄龙洞全长 7.5 千米，洞内分为四层，景观奇异，是武陵源最为著名的游览胜地之一。

◎奇特的地貌景观

在武陵源风景区中石英砂岩峰林地貌的石峰共有 3103 座，它们均分布在不同海拔，高低不等的地带。峰林造型整体完美无缺，像人、像神、像仙、又若禽、若兽、若物，变化万千。该区石英砂岩峰林地貌的特点是：质纯、石厚，石英含量达 75%～95%，岩层厚 520 余米。具有间层状层组结构，即厚层石英砂岩夹薄层、极薄层云母粉砂岩或页岩，这一层组结构有利于自然造型雕塑，增加形象感。岩层裸露于向斜轮廓产状平缓，增加了岩石的稳定性，为峰林拔地而起提供了先决条件。而岩层垂直节理发育显示等距性特点（间距一般 15～20 余米），又为塑造千姿百态的峰林地貌形态和幽深峡谷提供了有利条件。除上述因素外，还包括地质构造运动的间歇抬升、倾斜、流水侵蚀、物理风化等多种外在力的作用，山体按复杂的自然演化过程形成峰林，充分显示了高峻、顶平、壁陡等特点。

※ 武陵源峰林

武陵源构造溶蚀地貌主要分布在二叠系、三叠系碳酸盐地区，总占地面积 30.6 平方千米，可划分为五亚类，堪称“湘西型”岩溶景观的典型代表。主要形态包括溶纹、溶痕、溶窝、溶槽、溶斗、溶沟、石芽、埋藏石芽、石林、石膜、落水洞、穿洞、洼地、漏斗竖井、伏流、天窗、地下河、岩溶泉等。溶洞总数达数十个，主要集中在索溪峪河谷北侧及天子山东南缘，以黄龙洞最为典型，被称为“洞穴学研究的宝库”，其价值主要体现洞穴学的游览和探险等特殊方面。

分布在志留系碎屑地区的剥蚀构造地貌，共分三亚类：鲤鱼脊V谷中山地貌，分布于湖坪、石家峪、黄家坪等地；碎屑岩中山单面山地貌，分布于石英砂岩峰林景观外围的马颈界至白虎堂和朝天观至大尖一带；碎屑岩低山地貌，分布于中山外缘，山坡较缓，河谷呈开阔的V型。

河谷侵蚀堆积地貌类型主要分为山前冲洪扇、阶地和高漫滩三种情况。发育于插旗峪—施家峪峪口一带山前冲洪扇，分布于沙坪村；索溪两岸发育两级阶地，二级为基座阶地，高出河面3～10米；军地坪—喻家嘴一线高漫滩发育，面积可达4～5平方千米。

◎完整的生态系统

武陵源风景园区成为我国众多子遗植物和珍稀动植物集中分布地区，主要是因为该区主要位于西部高原亚区与东部丘陵平原亚区的边缘，由于该地带地形复杂，气候温和，雨量丰富，森林发育茂盛，给众多物种的生存和繁衍提供了良好的自然环境条件。又因为源区坡陡沟深，交通不便，少人为干扰，从而保存了丰富的生物资源，因此植被在武陵源有完善的生态系统。据考查，千百年来武陵源从来没有发生过较大的气候异常、水土流失、岩体崩塌或森林病虫害大发生等现象，这也充分证明了武陵源保持有一个结构合理而又完整的生态系统，这对科研工作的开展具有极其重要的价值。

古、大、珍、奇、多是武陵源很多树木都具有的特点。原始森林在神堂湾、黑枞脑得到了很多的保存。被称为自然遗产中活化石的张家界村一株银杏古树，高达44米，胸径为1.59米。生长在腰子寨的珙桐，是国家一级保护珍贵树木。这些物种资源，具有极高的研究价值，它们的生存环境、林相结构及其保护、保存等都是重大的研究课题。

◎天子山风景区

※ 天子山

天子山风景区因南宋末年土家族领袖向王自称天子而得名。区内的许多景点都与此有关，如天子洲、宝剑峰、龙椅岩等。它是一片面积65平方千米，主峰海拔1256米的风景游览区。与张家界、索溪峪相邻，被誉为“秀色天下绝，山高人未识”的自然风景处女地。从天子山举目远望，武陵源风景名胜区几乎全部的景观都能尽收眼底。景区中有一座天桥，两口天池，三座古庙，四个天门，五处飞泉，六个洞府，七个风景区，八十四座天然观景台。景区中的奇观集险、秀、幽、野于一体，尤以石林、云海、霞日、冬雪为最。这里的石林千姿百态，云雾变幻莫测。朝霞中的天子山金碧辉煌似一幅山水油画，披着神秘的面纱，吸引着八方游客。

◎珍奇的地质遗迹景观

最早的地球环境和海陆变化可以根据地质遗迹研究得出结论。而武陵源景区回音壁上泥盆系地层中砂纹和跳鱼潭边岩画上的波痕，就是一种不可多得的地质遗迹。它除旅游价值外，还可以用来研究古环境和海陆变迁。分布于天子山二叠系地层中的珊瑚化石，形如龟背花纹，故有“龟纹石”之称，是雕塑各种工艺品的上好材料。

※ 珊瑚化石

▶知识链接

不论是春夏秋冬哪个季节，或者是阴晴朝暮哪种天气，武陵源的景观各有特色。云雾作为武陵源最多见的气象奇观，分云雾、云海、云涛、云瀑和云彩五种形态。雨后初晴，先是朦胧大雾，继而化为白云，缥缈沉浮，群峰在无边无际的云海中若隐若现，犹如置身蓬莱仙岛，玉宇琼楼飘飘欲化仙。有时云海涨过峰顶，然后以铺天盖地之势，飞滚而下，化为云瀑，实在是非常壮观的场面。

拓展思考

1. 武陵源风景名胜区有哪些美丽的景观？
2. 武陵源风景名胜区中的“五绝”指的是什么？

中国：四川九寨沟风景名胜区

Zhong Guo：Si Chuan Jiu Zhai Gou Feng Jing Ming Sheng Qu

形成于第四纪古冰川时期的九寨沟的山水，现保存着大量第四纪古冰川遗迹。九寨沟全区面积约720平方千米，大部分为森林所覆盖。它位于四川省北部，因九个藏族村寨坐落在这片高山湖泊群中，因而得名“九寨沟”。狭长曲折的九寨沟山谷海拔超过4800米，形成了一系列形态不同的森林生态系统。而其壮丽的景色也因一系列狭长的圆锥状科斯特熔岩地貌和壮观的瀑布变得更加充满生趣。

※ 四川九寨沟风景名胜区

位于中国西部四川省阿坝县藏族羌族自治州南坪县的九寨沟风景名胜区中，现存鸟类140多种，还有许多濒临灭绝的动植物物种，包括大熊猫和四川扭角羚等。由于九寨沟的地下水富含大量的碳酸钙质，所以湖底、湖堤、湖畔水边随处可见乳白色碳酸钙形成的结晶体。而来自雪山、森林秋天里的九寨沟的活水泉又非常洁净，加上梯形状的湖泊层层过滤，使得水色愈加透明，能见度可高达20米。

※ 四川九寨沟风景名胜区

主景长80余千米的九寨沟风景名胜区，由沟口——诺日朗——长海和诺日朗——原始森林两条支沟组成，六大奇观：长海、剑岩、诺日朗，

树正、扎如、黑海荟萃相交，自然纯美。而山、水、林诸多景物中，尤以水景最为奇丽。色彩斑斓、清澈若镜的100多个湖泊散布在狭长的山沟谷地中，泉、瀑、河、滩将无数碧蓝澄澈的湖泊连缀一体，千姿百态，如诗如画。加之蓝天映衬下的雪峰，使九寨沟风光有“黄山归来不看山，九寨归来不看水”和“中华水景之王”之美称。而翠海、叠瀑、彩林、雪峰、藏情又被誉为是九寨沟的“五绝”。

被东方人称为“人间仙境”的九寨沟，又被西方人誉为“童话世界”。它以明朗的高原风光为基调，融翠湖、叠瀑、秋林、雪峰于一体。历来被当地藏民视为“神山圣水”。而沟内的山、水、林、石均是藏民崇拜和保护的对象。

翠海

九寨沟的精灵是水，而以水为源的九寨沟湖泊更是美丽动人。该地湖水终年澄澈碧蓝，清冽见底，且随着光照变化、季节推移，会呈现不同的色调与水韵。有的秀美且玲珑剔透，有的雄浑且碧波不倾，有的平静而招人青睐。若遇风平浪静之时，蓝天白云，近树远山，倒映湖中。“鱼游云端，鸟翔海底”的奇特景色层出不穷。阳光、水藻和湖底沉积物的“合作成果”即为彩池。一湖之中黄、绿、赤褐、绛红、翠碧等色彩组成不规则的几何形，相互浸染，如同一匹抖开了的五色锦缎。若移动视角，则色彩亦变。有些湖泊，随风泛波之时微波细浪，阳光照射，璀璨成花。远视宛如燃烧的海洋。有的湖泊，湖底静伏着钙化礁堤，朦胧中似若蛟龙流动。总之，整个沟内奇湖错落，让人目不暇接。百余个古树环绕湖泊，奇花簇拥，仿佛镶上了美丽的花边。

叠瀑

作为大自然一绝的瀑布，当数水流形式中的佼佼者，九寨沟不仅是水的世界，同时也是瀑布的王国。这里所有的瀑布几乎全都从密林里狂奔而出，如一台台织布机永不停息地织造着白色丝绸。诺日朗瀑布是这里宽度居全国之冠的瀑布，它从高高的翠岩上急泻而下，如一巨幅帘从空中飞落，壮丽雄浑。有的瀑布则从山岩之上腾越呼啸，几经跌宕后形成叠瀑，仿佛一群银龙竞跃，激溅起无数小水珠，化作迷茫的水雾。每当晨光照射，常出现多色的彩虹，更让人赏心悦目，流连忘返。诺日朗瀑布是透过树丛缝隙溢漫而出的，在约百米宽的瀑布顶端人们可见，齐崭崭地长着一排枝叶攀搭的水柳，组成一堵绿色的墙。绿墙下端的树干间隔有序，如一把长梳的梳齿，昼夜不停地梳理着经久不息的流水。

珍珠滩瀑布是九寨沟最为奇特的瀑布，它的石滩位于一处峭壁上方，如同斜挂天际一般。滩上有被万年流水融成的许多圆形坑洞，经急速流水冲进又反弹，从而形成许多飞舞的水珠，这些水珠一串串，一排排，大的如皮球，小的如弹子，个个晶莹透亮，尤其是经阳光的反射，像一颗颗带彩的珍珠，故此得名珍珠滩瀑布。

九寨沟的群海之冠位于海拔 3000 米之上的长海。多少个世纪以来始终如世外桃源一般不为人知的长海，终年以雪山为伴，直到上世纪 70 年代，被进山的伐木雇工发现。到过那里的人都说，夏日时，在长海荡舟十分惬意，而春秋两季时节，水中不是倒映出百花簇拥的雪山，就是雪山衬映下的枫叶，使人一时难辨这到底是冬日春景，还是秋景冬日。而到了严寒隆冬，长海又变成了一个硕大的冰湖……

“彩林”覆盖了九寨沟景区一半以上的面积，有 2000 余种植物生长其中，奇花异草，争奇斗艳，色彩绚丽。沐浴在朦胧迷离的雾霭中植物，神秘莫测，浓绿阴森，林地上积满了厚厚的苔藓，散落着鸟兽的翎毛。充满了原始森林气息，使人感觉仿佛到了一种浩渺幽远的世外天地。三万顷莽莽苍苍的原始森林，随着季节的变化，呈现出种种奇丽风貌。

位于九寨沟内的三条沟谷，层峦叠嶂且山势挺拔，极目远望，皑皑雪峰可尽收眼底。登上尕尔纳山，山峦逶迤、谷壑幽幽、云海连天，在云海雾浪中沉浮升降，似乎在天宇中游弋。

知识链接

1982 年，九寨沟成为国家首批重点风景名胜区。

1987 年，九寨沟风景名胜区被列为以保护自然生态环境为主的国家级自然保护区。

1990 年，九寨沟风景名胜区在全国 40 佳风景名胜区评比中，名列新自然景区榜首。

1992 年，该风景区被联合国教科文组织纳入《世界自然文化遗产名录》。

1997 年，又被纳入世界“人与生物圈”保护网络，是迄今为止世界上惟一同时获得这两项殊荣的景区。

拓展思考

1. 九寨沟最适宜旅游的时间是什么时候？
2. 除了翠海和叠瀑，你还知道哪些关于九寨沟的风景名胜？

第二章

世界自然遗产之欧洲

SHI JIEZIRABYICHANZHIOUZHOU

“欧罗巴洲”是欧洲的全称，欧洲在世界七大洲中面积位居第六。作为人口密度比较集中的一个洲，它具有深厚的文化底蕴，世界遗产项目最多的前三个国家西班牙、意大利、法国都属于这个洲，因此欧洲地区国家的自然遗产也极为丰富。

俄罗斯：科米原始森林

E Luo Si：Ke Mi Yuan Shi Sen Lin

※ 森林

欧洲现存面积最大的原始森林——科米原始森林，占地面积为32800平方千米，位于俄罗斯境内。1984年，该地区被联合国教科文组织列入“生物圈保护计划”。1995年被列入《世界遗产目录》。

科米原始森林东北端植被为苔原植被，即苔藓、地衣和矮灌丛，向南矮树逐渐被茂密的泰加林或针叶林所替代。属于亚寒带森林，自然风光秀美，生态系统较为平衡完善，许多珍贵稀有的物种都生长在这里。全欧洲惟一生长西伯利亚松树的地方就是这里。

◎地理特征

科米原始森林东、西两部分的地形特征迥然不同，海拔高度在98～1895米之间不等，与著名的乌拉尔山脉密切相连的森林东部，典型地理特征是高山冰河，沿着山麓小丘的石灰岩，经分解形成了喀斯特地形。森林西部地形蜿蜒崎岖，主要由沼泽、低地、河床以及一些小山组成。原始森林1月份的平均温度为－17℃，7月份的平均温度在12℃～20.5℃之间，年均降水量为525毫米，一年中雪层有7个月厚达100厘米。

◎植物分布

科米原始森林生长有德国松树、西伯利亚木松和红松等高大乔木等。岛上成长的则是柳树、欧洲花楸、山梨、虎耳草科黑酷栗和樱桃树。森林西部海拔较低的湿地上生长着泥炭藓、越桔和野生的黄莓。从沼泽地一直延伸到乌拉尔山麓的主要是落叶松森林。山谷中生长着茂密的云杉、冷杉及松树；亚高山带矮树林中的植物主要包括银莲花、芍药属植物、勿忘我草和伞形等植物。

※ 松树

2003 年 6 月 25 日，俄罗斯发行以科米原始森林为主题的《世界自然遗产—科米原始森林》纪念邮票。这些邮票表现了佩科罗利克斯基生态资源、尤格伊德国家公园等景色。科米地区是欧洲惟一生长着西伯利亚“瑞士五针松”的地方，这里的原始状态保存之好在整个欧洲都难寻其匹。

◎动物种类

※ 狼獾

欧洲代表动物和典型的亚洲动物组成一个自然界的大家庭，生活在科米原始森林中。森林中记录下来了包括野兔、松鼠、海狸、灰狼、狐狸、褐熊、松貂鼠、紫貂、狼獾、陆地大山猫和麋鹿等 43 种哺乳类动物。森林中鸟类繁多主要有斑乌鸦、黑啄木鸟、三趾啄木鸟、星鸦、白颊鸭、秋沙鸭、欧洲雷鸟、黑松鸡、淡褐色松鸡、水凫等 204 种鸟类栖息在这里。鱼类共计 16 种，其中包括大马哈鱼、河鳟和白鱼等。

人们对该森林进行的相关研究主要始于 18 世纪末。1915 年，森林学家首次指出有必要在此建立自然保护区。1949 年，在科米原始森林里建起了第一块试验农场，主要负责麋鹿的人工养殖工作和研究。随后，苏联自然科学研究院又陆续在森林中设置了许多长期工作站。

◎森林景观

※ 森林景观

壮观的瀑布群、葱郁的小岛以及奔流不息的河川使得科米原始森林成为一个旅游观光的好去处。那里有数不胜数的森林自然遗产，包括山脉冰河的地理构造，为研究地质演变提供了范例。辽阔的北部森林至今仍是一块未经开垦的处女地，成为许多濒危动植物的“世外桃源”。而在森林南部，大量的伐木公司如雨后春笋般蓬勃发展，对该地区构成了很大威胁，也意味着将有200万英亩的原始森林被砍伐殆尽。统计表明，目前科米原始森林中的大型哺乳动物如鹿、熊和麋鹿等的数量正在急剧减少，主要原因是由于“偷猎”。由于缺少有效的保护措施，加上当地部分居民的生态意识比较薄弱，所以，公园里的规章制度常常形同虚设。让人更为担忧的是，目前在乌拉尔的某些地区可能存在着放射性污染物。

知识链接

科米原始森林位于乌拉尔山脉的冻土地带，有关专家一直致力于对这一范围内针叶树、白杨、白桦、泥炭沼、河流以及天然湖泊的研究，这给针叶树林地带的自然发展对生物动力学的影响提供了宝贵的资料。

拓展思考

1. 科米原始森林的地貌特点是什么？
2. 科米原始森林的气候特点是什么？

俄罗斯：贝加尔湖

E Luo Si：Bei Jia Er Hu

贝加尔湖位于俄罗斯西伯利亚的南部伊尔库茨克州及布里亚特共和国境内，距蒙古国边界 111 千米，是东亚地区许多民族的发源地。该湖面积 5.57 万平方千米，长 636 千米，平均宽 48 千米，最宽 79.4 千米，平均深度 744 米，最深点 1680 米，湖面海拔 456 米。湖型狭长弯曲，宛如一轮月亮，所以又叫“月亮湖”。湖水澄澈清冽，是世界上容量最大的淡水湖，被称为“西伯利亚的蓝眼睛”。1996 年，联合国教科文组织将其列入《世界文化遗产名录》。

贝加尔湖湖水纯净且稳定透明（透明度达 40.8 米），为世界第二。湖两侧有 1000～2000 米的悬崖峭壁包围着，总蓄水量为 23600 立方千米，在贝加尔湖周围，总共有大小 336 条河流注入湖中，最大的是色楞格河。

※ 贝加尔湖

而从湖中流出的则仅有安加拉河，年均流量仅为1870立方米/秒。湖水注入安加拉河的地方，宽约1000米以上。贝加尔湖四周由高达2500米的山脉围绕着，海底沉积物厚度超过了8千米。此深度可以与世界海洋最深处的马里亚纳海沟相媲美，这也是贝加尔湖的实际深度为10～11千米的原因。

关于安加拉河出口处一块巨大的圆石，留有这样一个传说：在很久以前，贝加尔湖边居住着一位名叫贝加尔的勇士，他有个漂亮的独生女名叫安加拉。平时贝加尔对女儿既疼爱关心又严格管束。有一天，一只飞来的海鸥告诉安加拉，有位名叫叶尼塞的青年非常勤劳勇敢，安加拉对青年心生爱慕。由于父亲断不同意，安加拉只好趁父亲熟睡时悄悄出走。贝加尔猛醒后，追之不及，便投下巨石，想以此挡住女儿的去路，无奈女儿已经远远离去。而这块巨石从此也屹立在了湖的中间。当涨水时，圆石宛若滚动之状。人称“圣石”。

◎地理特征

水文

贝加尔湖的湖水在冬季冻结达1米以上的深度，冻结时间一共持续4～5个月。但是，湖内深处的温度则保持不变，约为3.5℃左右。

贝加尔湖是世界最深的湖泊，其湖水透明度达40.22米，这个数值在全世界仅略低于日本的摩周湖。它透明度高的原因一方面由于它具有深邃的湖盆。湖盆的平均深度为730米，所以，即使湖面有时会出现很大的风浪，但距湖面较深的水体内部却是一片宁静。另一方面，该湖区内有大量的端足类动物，这些动物能很好地分解水藻、分解动物尸体，使湖水保持洁净。此外，湖水中氮、磷等营养元素含量较低，藻类植物的密度较小，也是保证贝加尔湖水清澈的原因所在。相关专家在对湖水取样分析后认为，按水质相关标准，贝加尔湖水属于水质最好的一类水，也许只需滤去水中的浮游生物，就可以直接饮用。而其较大的总蓄水量又相当于北美洲五大湖蓄水量的总和，约占地表不冻淡水资源总量的五分之一，若按现今的人口数量计算，贝加尔湖的淡水能供给人类喝100年。

气候

有人说贝加尔湖是一个天然的巨型“空调”，主要是因为在每年1～5月，湖面封冻，放出潜热，冬季的酷寒就会随之逐渐消减。夏季时，湖水解冻吸收了大量热量，降低了炎热程度，对湖滨地区的气候起着调节作用。所以尽管贝加尔湖在一年之中有大约半年的时间都在结冰，但利用光照作用可以将光热输入湖中形成“温室效应”，从而很好地保证了冬季湖水接近夏天水温，为浮游生物繁殖提供了便利的条件，促进了它们的生长发育，进而保证其生态的平衡。

地质

贝加尔湖接近亚洲的地理中心，位于西伯利亚东部中心地区。湖区的山谷洼地是西伯利亚地区重要的自然屏障。这一自然屏障将不同的动植物区分开，在这里生长着许多独特的生物群落。从地质构造上看，贝加尔湖是一个断谷的凹部，一个深入到地下 15～20 千米深处的大裂口。它是由印度板块和欧亚板块碰撞形成的。研究显示，贝加尔湖的湖岸正在以每年两厘米的速度向两边拉开。湖和湖内汇水区是世界上一个独特的地质体系。湖区内的谷底两岸地形不对称，曲折的湖岸线总长 2100 千米，西岸较陡峭，东岸相对平缓。在巴尔古津湾、奇维尔库斯基湾和普罗瓦尔湾，以及阿亚亚小港和弗罗里哈小港等处有很多凹陷处。湖中有 27 个岛屿，最大的岛屿是奥利洪达岛，该岛面积约为 730 平方千米，长 71.7 千米，最宽 15 千米。

※ 贝加尔湖冬景

由于地壳的不断运动，贝加尔湖每年都会发生很多次地震，多数地震都比较小，所以都并未造成大的影响。只是每隔 10 年左右会发生一次五级到六级的中级地震，每隔 20～30 年会发生一次七级到九级的灾难性大地震，有时震级甚至会更高。这些较为严重的地震将会给贝加尔湖区带来非常大的破坏。据史料记载，1862 年和 1959 年中部湖盆曾发生过两次大地震，这两次地震都使湖盆有所下降。

◎生态资源

在水质清冽的贝加尔湖区，生长着种类和数量非常丰富的动植物。其中最值一提的要属贝加尔湖特产湖鱼，湖鱼属胎生贝湖鱼科，名胎生贝湖鱼，由母鱼直接产下仔鱼。湖中有植物 600 种，水生动物 1200 种，在水面或接近水面有约 600 种植物，其中贝加尔湖特有的动植物占总生物数量的四分之三，这些特有生物组成了贝加尔湖独一无二的生物种群，有凹目白鲑、贝加尔海豹，以及其他各种软体动物、海绵生物以及海豹等珍稀动物，惟一的哺乳动物是贝加尔海豹。湖中有约 50 种鱼类，分属 7 科，最多的是杜文鱼科的 25 种杜文鱼，大马哈鱼、苗鱼、鲱型白鲑和鲟鱼也很多。还有约 320 多种鸟。

植物资源

贝加尔湖沿岸河汊纵横，植物生长茂盛，覆盖度高 。由于东西两岸气候的差异，自然景观也各不相同。东岸多为平原，生长着松、云杉、白桦和白杨等组成密林。西岸有很多悬崖峭壁，群山上覆盖着连绵不断的针叶林。高跷树是贝加尔湖沿岸一种比较奇特的景观。它们生长在沙土山坡上，树的根从地表拱生着，成年人可以自由地从根下穿来穿去。大风从树根下刮走了土壤，而树根为了使树生存下来，却越来越深地扎入贫瘠的土壤中。

动物资源

虽属淡水湖，贝加尔湖却也生长有硕大的北欧环斑海豹和髭海豹。该湖也是俄罗斯出产稀有物种最多的地方。这里的稀物种之多举世难寻，如味道最鲜美的秋白鲑、讨人喜爱的环斑海豹等等，数不胜数。湖中盛产多种鱼类，是俄罗斯重要渔场之一。

(1) 胎生贝湖鱼

贝湖鱼是一种像玻璃一样透明的鱼，它的体型很小，而脂肪却占了自身一半的重量。贝湖鱼虽然没有像深海鱼都有能够摆脱重大水压的特殊水泡，但是它能生活在很深的地方。贝湖鱼物种的总生物量大约是 16 万吨，此重量是所有其他鱼加起来的两倍重。

胎生贝湖鱼的外形呈半透明，与其它鱼类的不同之处在于，胎生贝湖鱼母鱼在繁殖期产出体外的不是鱼卵，而这些幼鱼可以自由捕食，胎生鱼在全世界已知的鱼类中所占的比例非常小。它生活在水面以下 50～1500 米处，广泛分布在贝加尔湖除湖岸附近的各个水域，是环斑海豹、秋白鲑等动物的主要食物。生物学家认为，这类鱼是在贝加尔湖冰冷的湖水中经过长期进化而来的，但是，对于胎生贝湖鱼是怎样从卵生鱼变为胎生鱼的缘由，至今依然没有答案。

（2）环斑海豹

环斑海豹主要栖息在位于湖北部的乌什卡尼群岛地区，是贝加尔湖的标志性动物，在贝加尔湖里生活着世界上惟一的淡水海豹。尽管贝加尔湖的海豹数以万计，但是只有在那里的沙滩上才可以近距离接触到它。这是与海豚的生活习性有关，海豹生性胆小，视觉和听觉却很敏锐，船舶马达的轰鸣常会把它们吓跑，因而环斑海豹大部分时间潜在水下。冬季时，海豹在冰中咬开洞口用来呼吸。虽然海豚是一种体形圆且肥胖的动物，但它在水中的活动却颇为灵巧，游泳速度可达到每小时 20 千米。而在陆地上，由于海豹的四肢为鳍状，后肢与尾部相连，永远向后，不能步行，所以显得非常笨拙。由于海豹一般是生活在海水中的，人们曾认为贝加尔湖由一条地下隧道与大西洋相连。科学家认为，环斑海豹应该是经叶尼塞河及其发源于贝加尔湖的支流——安加拉河来到这里的，并在此逐渐演变而来的，时间约在最后一次冰期。

（3）秋白鲑

秋白鲑也是贝加尔湖的特有生物种类，是该湖的主要经济鱼种，据生物学家研究，这种鱼的祖先同样来自于其他水域。

（4）其他

贝加尔湖中还栖息有 50 多种鱼，包括珍贵的鲑鱼物种——奥木尔鱼、白鲑、茴鱼、细鳞鲑、哲罗鱼、鳗鱼、鲈鱼。鲮鱼栖息于浅滩处，白梭鱼和其他鲤鱼物种生活在沿海水库里。鲟鱼是贝加尔湖的最大的鱼，它体长 1.8 米，体重为 130 千克。古尔维奇大头鱼则是最小的鱼，其体重仅有 2 毫克。

在贝加尔湖区，也有很多生活在较高海拔的哺乳动物，如北山羊、雪豹、高海拔田鼠、高山鼠野兔、旱獭和森林旅鼠。生活在岩石和半岩石区的主要大蹄类动物有驯鹿、驼鹿、麝香鹿、西伯利亚狍、野猪。食肉兽中有貂、高山黄鼠狼、真正的水獭和麝香鼠。在针叶林里生活的动物除了熊外，产要有猞猁、狼獾、狼、黑貂、松鼠、西伯利亚黄鼠狼、狐狸、花栗鼠等。森林草原里有獐、白鼬、地鼠、食虫生物和狼。大概 15000 多种鸟都会在这里度冬。因为水温是恒温的，流速较快，于是形成了大小约 3～5 千米的巨大的冰间水面。潜水的鸟、秋沙鸭和鸭子都在这里度过冬季。

◎矿产资源

淡水资源

水量充沛且水质良好是贝加尔湖的一大特点，该湖水的水量够 50 亿人饮用半个世纪。假如该湖湖盆中不增加一滴水，惟一一条发源于贝加尔湖的安加拉河需要 400 年才能把这里的水排尽。相反，假如贝加尔湖完全干涸，即使全世界的河流无一例外地注入贝加尔湖，也需要 300 多天才能把它填满。因储存了世界淡水资源的 20%，贝加尔湖被誉为“世界之井”，湖中的“清洁工”—— 端足类虾每天可以把湖面以下 50 米深的湖水过滤消毒七八次，所以湖水相当“纯净”。

矿产

湛蓝的贝加尔湖不仅湖面“宝物”众多，湖底更有珍宝无数。所谓珍宝当然是指湖底蕴藏着丰富的资源。据考察，贝加尔湖湖底不仅埋藏着丰富的贵金属矿、煤、铁、云母等矿产资源。近些年，还在湖底发现了罕见的冻结沼气和天然气。

▶知识链接

·你是否听说过贝加尔湖“水怪”的传闻·

由于贝加尔湖发展和形成的年代相当久远，在幽深的湖底生活着很多珍稀生物。在起雾的天气里，深不可测的湖水，连带着湖中的生物，让人们不知觉间产生了此处有“水怪”的联想。

经科学家考察认为，人们所说的“水怪”也许是某些古老的物种经过漫长时间的演变的结果。由于至今仍没有确切的证据和足够清晰的照片表明“水怪”的存在，所以此说法无法得到证实。

拓展思考

1. 贝加尔湖是怎样形成的？

2. 根据贝加尔湖所处的地理位置，试分析其所处地带容易发生地震的原因？

意大利：伊奥利亚群岛

Yi Da Li：Yi Ao Li Ya Qun Dao

伊奥利亚群岛又叫利帕里群岛，它是西西里岛北部的一群小岛，利帕里和武尔卡诺岛、萨利纳岛、阿利库迪岛、斯特龙博利岛、帕纳雷阿岛、菲里库迪岛、是组成伊奥利亚群岛的 7 大岛。

伊奥利亚群岛是一群具有火山源的岛屿。岛屿在大海的拱形地带伸展而出，看起来像大海中央耸立的巨大岩石，成为那里独特的风景。而在人类定居之前，它们就是不折不扣的火山群。群岛最迷人的地方在于有关风神埃俄罗斯的传说和在这些岛屿上的居住情况。这些岛屿每座都有它自己独有的魅力所在。例如，利帕里是伊奥利亚群岛最大的岛屿，因此到这里游玩的人们会很多，即便冬天也是如此。而被称作“欢乐之岛”的帕纳雷

※ 伊奥利亚群岛

岛屿是许多大人物所向往的地方。斯特龙博利是座仍然活跃着的火山岛，看起来就像是刚刚从海底深渊里冒出来似的。其他岛屿也精彩纷呈，各具特色。在这里，你可以与自然、海滩、溪流、洞穴、小湾和岩石造型以及海底无数的生物与珍宝一起亲密接触。由于群岛周围被大海环绕，这里的大海是地中海最清澈、最壮阔的海域之一。海底世界也蕴藏了很多奇特的景观。

总的来说，这里的海陆自然美景是休闲娱乐的绝好去处。难怪法国19世纪浪漫主义作家大仲马曾留下这样的话："即使画笔也无法传达这片迷人而神奇的岛屿之万一。我已无法区分我在这里旅游的现实与我的梦想。"而从19世纪40年代到现在，无数的电影曾在这些岛屿上拍摄。伊奥利亚群岛也与电影结下了多年的不解之缘。

知识链接

虽然伊奥利亚群岛的7个大岛屿都是火山喷发形成的，但这些岛屿的形状大小都各有不同。有的岛屿浪漫美丽，有的岛屿形状巨大，而有的岛屿每天喷发的活火山，夜晚从远处看去就像灯塔一样，还有的岛屿是富人们经常光顾的地方。这些各具特色的7个火山群岛构成了一个字母"y"的形状，成为伊奥利亚独特的景观。

拓展思考

1. 人们为什么会将伊奥利亚群岛称为"地中海的珍珠"?

2. 根据伊奥利亚群岛所处的地理位置，说一说该群岛为什么经常发生火山?

克罗地亚：普利特维采湖群国家公园

Ke Luo Di Ya: Pu Li Te Wei Cai Hu Qun Guo Jia Gong Yuan

克罗地亚最大的国家公园是普利特维采湖群国家公园，占地面积为194.62平方千米，天然湖群大小共有16个，故又称十六湖。公园位于克罗地亚西部利卡的塞尼县，是巴尔干半岛克罗地亚最美的国家公园，素有“欧洲九寨沟”之称。于1979年入选世界自然遗产名录。

※ 普利特维采湖群国家公园

普利特维采湖群地形崎岖，按地势高低，可将其分为上湖区和下湖区。上湖区位于白云石亚地层的山上，四周均被茂密的森林环绕着。下湖区处在两条山脉间的峡谷中，其内有16个互相连接的山地湖泊，面积为217公顷，总长10千米。公园海拔在502～636米之间。各湖高低悬殊，从第一湖至第十六湖落差达135米，诸湖之间形成瀑布群，其中最大瀑布落差达76米，并呈梯状飞流直下，气势恢弘壮观。湖泊两岸断壁悬垂，湖与湖之间有蜿蜒的木桥相连，既方便观赏，又为游客提供了游览捷径。

普利特维采湖群国家公园处在亚得里亚海岸及欧洲大陆的交界处，各种因素的影响使得湖区的周遭到处是乌沉沉的茂密森林，老木翳天，枝柯交缠，水气森森，石凉苔滑。夏天，公园里阳光充足，鲜亮明媚。冬季覆满白雪，冰冷沉静，气候得天独厚。加上保护得当，该公园还保留了大片的原始森林。这样的环境，也给其他生物的生存提供了有利的条件。由于地貌丰富多变，普利特维采湖群一年四季都呈现出不同面貌：春天瀑布水量丰盈，夏季一片蓊郁苍翠，秋天枫红叶落，冬季白雪皑皑。湖群的湖水也会在不同的季节里变化万千，从蔚蓝到鲜绿，从深蓝到浅灰。湖水的深度、水中矿物质及有机物质比例以及阳光的角度决定了湖水呈现的颜色。

公园不仅风景绝美，而且还有以山毛榉和冷杉为主要树种的原始林及熊、鹿、羚羊、貂、秃鹰、鹰等珍禽异兽，是一处拥有山水风光和多种珍禽异兽的优美风景区。每年4～10月是到普利特维采湖群国家公园旅游的黄金季节。公园内建有旅馆、商店等接待设施，辟有汽车露营地及电动游览车、游艇、游船等游娱设备，可供游人划船、钓鱼、游泳活动。

知识链接

在普利特维采湖群国家公园生活着许多珍稀动物。该公园的森林还是熊、狼和许多稀有鸟类的避难所。早在1979年，因出众的自然美景和典型的喀斯特地貌，“十六湖”就作为自然遗产被联合国教科文组织列入“世界遗产名录”。美丽的自然景观和良好的生态保护系统吸引了众多的游客到此观赏，这也是当地居民引以为傲的地方。

拓展思考

1. 普利特维采湖群国家公园有哪些独特的景观？
2. 克罗地亚国家还有哪些比较著名的名胜游览区？

保加利亚：皮林国家公园

Bao Jia Li Ya：Pi Lin Guo Jia Gong Yuan

在拉兹洛格和班斯科南部、斯特玛河和梅斯塔河两条河流的河谷之间，有一处占地面积为 400．6 平方千米的公园，它就是位于保加利亚西南皮林山区的皮林国家公园。公园包括巴埃维杜普基——金吉日萨保护区、马尔卡和塞格门泰佩保护区。海拔在 1000～2915 米之间，属石灰巴尔干地貌。公园内有湖泊、瀑布、洞穴和松树林。约 70 个冰川泊分布于崇山峻岭之间，成百上千种当地的珍稀物种在那里栖息，这些物种很多都是巴尔干更新时期植物的典型代表。

皮林高山地带有 60 多座海拔很高的高山，那里的山峰各有特色，具有极高的美学价值。这些高山山顶终年被积雪覆盖，有的还存有冰川期的产物——冰斗、冰川湖。这里不仅空气新鲜、气候舒适，还有许多濒危的

※ 皮林国家公园

动植物栖息于此。在皮林国家公园所在的山区分布着170多个清澈见底的湖泊，陡峭的群山环绕在四周。这里的花岗岩数量很多，部分地区在山间的瀑布和小溪的冲击下形成了溶洞。国家公园里的树木，种类众多，枝繁叶密，遮天蔽日，有西洋水松、欧洲冷杉、德国桧树、巴尔干白松等。其中，最著名的要数“贝克谢夫冷杉”，它是一棵树龄约为1300年的老树，直径为6米，高约16米，其名字是以它的发现者贝克谢夫的命名的。由于这里的生存环境良好，因此成为各种濒危植物的生殖地，保加利亚有20%的濒危植物都生长在这里。

◎地质地貌

※ 间歇泉

皮林国家公园基本呈一种凹形分布，地形特征较为特殊，冬季降雪丰富，为公园提供了丰富的地下水源。地上的水从地表渗进地层，最后流到温度远超过沸点的地底深处，受到地热持续的加温由冷转热，沸腾后化为蒸汽。蒸汽由于压力的作用会不断增大，热度也不断升高，最终挟着泉水喷涌而出，这就形成了间歇泉。典型间歇泉快要喷发的时候，能看见水先从小洞里流出，或者发现水流量突然增加，接着从地底深处传来轰轰雷鸣，这就表示蒸汽突破了水的阻碍。之后，就会看见喷口的水柱被水蒸气抛升起来，时间一般持续在几秒钟到几分钟不等。在水柱喷出的同时及之后一段时间，还能听到水蒸气隆隆的轰鸣，仿佛宣泄着内心的兴奋。最后，地下的压力解除，水蒸气喷射的力量也消失了，于是水再开始注满喷口，阻塞水蒸气的出路，酝酿下一次的喷发。无论形状如何，无论大小怎样，无论是冬天还是夏季，也无论天气条件好或不好，所有间歇泉都在日夜不停地一会腾起，一会沉落，仿佛跳着有节奏的舞蹈。它们就像是大自然的花朵，花开不败，永不凋落，却从来不会感到厌倦与疲惫。人们一般将这些间歇泉密集的地域，称之为间歇泉盆地，它们大多是一些位于中央高原上的开阔谷地。

瀑布是当河水陡然变急，猛烈四溅的两道水花形成的，然后轰鸣着流

入大峡谷。这里的两个瀑布：一个是高 130 米的上瀑布；另一个是高 100 米的下瀑布。气势磅礴的黄石大峡谷是黄石河水贯穿火山岩石，长期的强力冲蚀形成的，峡谷宽 200 米，长约 32 千米，深度达到 60 米，格外险峻，动人心魄。这一著名的河段，对于前来观赏的人来说，最引人入胜的既不是峡谷的深度和形状，也不是汹涌奔流的瀑布，而是那光怪陆离、五光十色的风化火山岩。它们是由白、黄、绿、蓝、朱红以及无数种与红色相调而出的颜色。峡壁从头到脚都闪烁着耀眼的光泽，在阳光下炫烂夺目。数百万吨的岩石，一眼望去颜色是那样鲜艳，像是用油彩涂成，仿佛毫无顾忌地暴露在风吹日晒之中，而且色彩既不会被冲刷而去，也不会因风吹日晒而褪色其景观实在是令人赞叹不已。

皮林山大部分是由花岗岩和板岩组成的，维赫伦峰和卡米尼查峰之间以及皮林中部地区有局部的石灰岩分布。皮林山的峭壁和各个高峰都是老中新世的准平原。除了介于 1200～1600 米之间的局部地区的年龄是老中新世以外，山脊一般为上新世地质年龄。在第四纪时该地区遭受广泛的侵蚀作用。灰岩、大理岩、保加利亚南部的花岗岩、喀斯特构造、典型的冰川特征等随处可见。皮林山在斯特玛和梅斯塔河之间的河谷中呈北西南东向展布，发育很有多的河流和瀑布。

◎现存物种

在皮林国家公园中不仅植物种类繁多，同时还栖息着种类丰富的动物，包括许多地方性种属和一些无脊椎动物群中的残余分子、濒危的鸟类和哺乳动物。有棕熊、灰狼、松貂、水獭、岩貂、巴尔干岩羊、红鹿、狍鹿、羚羊、獾、欧洲山猫、欧洲白毛鼬鼠、雷鸟、黑啄木鸟、褐松鸡、三趾啄木鸟等。一些猛禽如金鹰、雕、秃鹫等也总是在这里的上空盘旋。

皮林是欧洲中部、阿尔卑斯山、巴尔干半岛和亚地中海地区物种的混合带。公园灰岩的存在，以及该地区相对独立的地理位置使皮林山区成为植物的重要庇护所。松树是皮林公园里的主要植物，有地方性代表的是马其顿松。地方性的松树在高海拔的喀斯特地区也会出现，在花岗岩山上松树形成一道亮丽的松林。在巴埃维杜普基——金吉日萨保护区内还发现有独一无二的高有 250～300 年树龄的前胡松和白斑松，个别的白斑松的树龄超过 500 年，它们的平均高度均在 30～45 米。银杉、奥地利松、云杉、苏格兰松、山毛榉等各植物树种共同构成了这里的松树林。一般说来，松林的发展是人类长期影响的结果，现在已经降到海拔 2000 米以下，局部可以达到 2200～2300 米的地方。在亚高山带地区有低矮的松树属种和各种灌木丛类。在 2400～2600 米以上的地区有高山牧场、裸露岩石的山坡、遍布小石头的山坡等自然景观。皮林的植物群拥有许多稀有物种，既美丽又有趣。在这里有 30 个地方性属种，大约 70 个保加利亚的地方性属种，超过 10%的维管植物是巴尔干半岛地区的地方性属种。在保加利亚的红皮书中记载的植物属种中有大约 20%在这里出现。

※ 棕熊

◎气候特点

山上冬天寒冷，积雪覆盖长达 5～8 个月。夏天凉爽而短暂。桑丹斯基镇位于皮林山的山脚下约 190 米的地方，1 月平均气温为 2.4℃，而同期在高海拔地区气温在－10℃以下。低海拔地区年均气温是 14℃，高海拔地区在 2℃以下。降水量在低海拔地区介于 550～60 毫米之间，在高海拔地区在 1100 毫米以上。

▶知识链接

始建于 1976 年的皮林国家公园原名维赫伦。总面积共计 27400 公顷，其中 2900 公顷被划为自然保护区。公园海拔高度一般在 1000～2915 米之间，森林覆盖率达 60%，主要是松柏纲混合林，其中大部分是巴尔干半岛独有的地区性树种。

皮林山的形成之因是，中新世时地壳摩擦造成地表高度变化的缘故。众多的山峰则是上新世晚期的产物，只有在海拔 1200～1600 米间的某些地区是上新世早期就已形成。这种由于地壳摩擦而产生地表变化的现象在雪线下降到海拔 2200 米的第四纪更为普遍。强大的冰川在山谷中移动，形成了冰山冰碛。冰雪融化后，留下 70 多个冰川湖。

拓展思考

1. 皮林国家公园的地形呈现凹形的原因？
2. 分析皮林国家公园的气候特点？

波兰：比亚沃韦扎森林

Bo Lan: Bi Ya Wo Wei Zha Sen Lin

比亚沃韦扎原始森林位于波罗的海和黑海的分水岭，横跨波兰与白俄罗斯，占地面积约为 2023 平方千米，是欧洲大陆仅存的荒野低地，也是欧洲仅存的原始森林之一，年代已十分久远。它曾经是东至西伯利亚、西达爱尔兰的古森林的一抹遗迹。

※ 比亚沃韦扎森林

比亚沃韦扎国家森林公园里的珍稀的动植物品种很多，人们可以通过这些珍稀的动植物了解到原始森林的面貌。原始森林里有 1000 多种植物，其中有 20 多种林木，70 多种灌木。这里的很多种珍稀植物被认为是自然进化史上的标志性生物。一簇簇繁茂的植被将原始森林的地面覆盖，既美化了风景又使人感到心旷神怡。

比亚沃韦扎森林公园曾是波兰王室和俄国沙皇游猎的传统胜地。公园里有各式各样的哺乳动物、两栖动物、爬行动物和各式的鸟类。欧洲仅有的北美野牛在这片土地上自由地驰骋，草原野马是这里更为珍稀的一种野马。无数北美野牛越过欧洲来到波兰，在大约 1000 年前，由于捕猎过度，北美野牛数目锐减，仅有少量生活在比亚沃韦扎森林公园中。即便如此，这些剩下的动物也并不完全都是安全的，“一战”期间，它们被偷猎者和德国士兵大肆捕杀。到 1923 年全世界仅有 60 头北美野牛。人工饲养繁殖野牛计划的出台，到 1978 年，波兰北美野牛的数量增加到 206 头，所有的野牛都被保护起来，并且出版了北美野牛系统图籍，而且在全世界范围内登记所有的北美野牛。如今，公园的许多地区已经被严格地保护起来，波兰政府还修建了许多野营点和公路，使所有到此游玩的游客都能更加方便地欣赏到此地美景。

◎生态景观

常青树和阔叶林组成了这片茂密的森林，使之成为一些珍奇动物的家园。这里自然状态保存十分完好，拥有像狼、猞猁、水獭等珍贵种群以及300多头被引进的欧洲野牛。由于人工建筑很少，维持了这里的自然状态。在白俄罗斯一侧，针叶和阔叶混交林占总树木的88%。由于生存空间较为充足，高耸的菩提树和岑树差不多长到了约46米，巨大的林冠荫庇着由角树、蕨类植物、湿地桤木和碗状真菌组成的湿漉漉的地面植被。已有500多年的树龄的橡树，身披苔藓，身形庞大，大斑啄木鸟可以把云杉的球状果实藏匿在它们树皮的褶皱中。空气清新稠密，处处沉寂，偶尔几声星鸦沙哑的嘎嘎叫、俾格米猫头鹰的低啸或是一声狼嚎打破原有的沉默，转而又很快地归于平静。

※ 草原野马

比亚沃韦扎原始森林中，沉积的树叶堆积层向空气中散发出幽幽的香气，化作春泥的落红孕育了繁茂葱郁的生命。接近四分之一的地上有机群落生长在各类腐烂物质中，每英亩土地上有50多立方米腐烂的树干和坠落的枝丫，为成千上万种树皮甲虫、昆虫幼虫、蘑菇、苔藓、和微生物提供生存营养，这些生物在其他由人工照料管理的森林中早已无迹可寻。另一方面，这些生物又为鼬鼠、狍子、獾、水獭、麋鹿和老鹰等动物提供了丰富的食粮。这里生物的种类比欧洲大陆的其他地方都多。但由于森林周围既没有山脉，也没有可供掩蔽的山谷，因此这里并不具备地方性物种生存的独特环境要求。

◎野牛保护

美洲野牛多年以来一直是北美大平原上的土著居民谋生的物质来源。野牛浑身是宝：牛肉可以充饥，牛的腱、骨和角可以制成工具，牛皮可以做成帐篷及衣服，而牛粪又可以用来生火取暖。史前期，美洲野牛涧是印第安土著居民一个最大的围猎场。艾伯塔西南的箭猎山中的野牛跳崖处是北美最大、最古老，得到最完善保护的围猎场，它分为圈牛区、屠宰区和加工处理场几个部分。在欧洲人到达美洲时，曾有多达6000万头的美洲野牛分布在北美洲大部分土地上，它们是平原印第安人的经济支柱。后来，向西移动的白人任意屠杀美洲野牛，致使美洲野牛的数量由此大为减少，到1900年前后，美洲野牛已趋绝迹。而许多印第安人与白人之间的矛盾就是由野牛群的减少而引起的。

※ 野牛

据有关专家估计，比亚沃尔扎森林公园中仅有的这种北美野牛，很可能就是在当时它们生存的美洲越来越恶劣的环境下迁徙过来的，这里虽然能让它们自由生存却面临着被捕杀的危险。

知识链接

曾经的整个欧洲东部和比亚沃韦扎原始森林一样，是一片森林，由于人口的迁移，道路和建筑渐渐把这里的森林地带取代。后来，大批的考古学家前来考察，使比亚沃韦扎原始森林的绝大多数植被免遭破坏，很多古代的人类文明成果也被保留了下来。比亚沃韦扎原始森林原是波兰王室和俄国沙皇游猎的地方，目前在此地已发掘出600多座古斯拉夫墓，其中最大的墓群由134座墓组成。

拓展思考

1. 比亚沃韦扎原始森林有哪些令你向往的事物?

2. 针对很多动植物数量不断减少的现象，你认为应该怎样切实做好保护动植物的工作?

罗马尼亚：多瑙河三角洲

Luo Ma Ni Ya：Duo Nao He San Jiao Zhou

※ 多瑙河

多瑙河三角洲是欧洲面积最大、保存最完好的三角洲。它横跨罗马尼亚与乌克兰两国边境，面积约5500平方千米，风光绚丽多姿，资源丰富多样，被誉为“欧洲最大的地质生物实验室”。多瑙河三角洲同时也是欧、亚、非三洲候鸟的集散地，也是欧洲飞禽和水鸟最多的地方。

◎植物资源

多瑙河三角洲领域主要有内河滩、水草地、沼泽等组成，其中内河滩面积约占总面积的25%，其余是水草地、沼泽和湖泊等地，是欧洲现存的最大的天然湿地。多瑙河由图尔恰向东分为苏利纳、基利亚和圣格奥尔基三条岔流注入黑海，冲积成巨大的扇形三角洲。水陆面积约各占一半，湿地、河汊、湖沼纵横交错，海拔很少超过4米，鱼类、鸟类极其丰富。该区大部分芦苇茂密，是世界最大的芦苇区之一；风光绮丽，是世界上罕见的自然风景区。三角洲内除了大量海洋生物外，还有极为丰富的陆上动植物，两岸有高大的橡树、白杨、柳树和各种灌木植物，这些无穷资源让人不禁惊叹大自然的神奇。

“浮岛”占地10万公顷左右，厚约1米，是三角洲腹地的一大奇景，也是三角洲最著名的奇观之一。在它上面长着繁茂的植物，下面又躺着一片汪洋湖泊，湖面碧波荡漾，湖水清澈无比。而“浮岛”就像一个巨大而

※ 多瑙河岸边风景

美丽的花园，漂浮在海面之上。浮岛在多瑙河的风浪中不停飘游，对三角洲的自然面貌也有很大的影响。春天，当多瑙河泛滥时，浮岛就成了各种飞禽走兽的避难所。因此三角洲有“鸟和动物的天堂”的称谓。

多瑙河三角洲的植物有 1150 种，其中包括热带雨林的藤本植物以及睡莲。三角洲还是湖泊、芦苇荡、草地、原始橡树林的混合地带。其中芦苇覆盖面积占 2/3，芦花开放，一片洁白，是世界的芦苇产地之一。

◎气候特征

多瑙河流域具有由温带海洋性气候向温带大陆性气候过渡的性质，属温带气候区。特别是流域西部和东南部湿度适宜，雨量充沛。河口地区受大陆性气候影响，具有草原性气候特性，整个冬季较为寒冷。以布加勒斯特为例，冬季有 3 个月气温低于 0℃，最低气温－3.5℃。就全流域而言，大部分降雨主要集中在夏至秋初季节（6 月到 9 月），整个流域内降雨分布不均匀，高山地区冬季降雪量占全年降水量的 10%～30%。奥地利阿尔卑斯山区降雨量最大，年平均降雨量超过 2510 毫米，最大年降雨量超过 3000 毫米。大匈牙利低平原和斯洛伐克摩拉瓦流域地势较低的部分以及下游地区是降雨量最少的地区，特别是锡雷特河以东地区和河口地区，其年平均降雨量不足 600～400 毫米，如遇特别干旱年份，降雨量还不到平均降雨量的一半。总得说来，上游地区年降雨量多，约为 1000～1500 毫米，中下游平原地区降雨量少，约为 700～1000 毫米，流域平均 863

毫米。

※ 多瑙河

多瑙河洪水主要由夏秋季暴雨或长期连续降雨、春季高山积雪融化和冬季冰凌所形成，一般具有两个特点：一是大多数洪水只限于发生在局部河段，全流域发生特大洪水极其罕见。二是全年各个季节都有发生洪水的可能，只是分别出现在不同的河段。春季融雪洪水，一部分来源于阿尔卑斯山上游的右岸支流，另一部分来源于喀尔巴阡山下游的左岸支流。另外，由于上游山区的融雪洪水，中游下段三条支流德拉瓦河、萨瓦河、大摩拉瓦河，也会在贝尔格莱德附近河段产生春汛。

因降雨而产生夏季洪水和秋季洪水则经常会出现在奥地利河段、斯洛伐克与匈牙利边界河段、中游的下段，这些河段的洪水一般来自两岸的支流。因冰坝壅高的水位有时超过伏汛水位 2.5～3.0 米，布达佩斯以下的许多河段都出现过冰凌洪水。

多瑙河的水位和流量过程线比较均匀，主要由于雨雪洪水的相互补充以及上、中、下游河段洪水的错峰。但在时空上分配仍不均匀。一般而言，多瑙河水位 7～8 月较低，在 11 月～次年 2 月最低，低水位时，影响通航。冬季河口附近河段结冰，结冰期约 40d，融冰时间需延续两个星期。

◎风景名胜

在巴巴格湖和赖查姆湖之间的丘陵地带，有数千年前腓尼基人建造的赫拉克里斯古城堡遗址。曾经在多瑙河入黑海河口建立的吉利亚堡的废墟遗址，现在已经离海岸线很远了。古老的塔尔斯城是三角洲的起点，城内建有三角洲自然博物馆。游人从此城出发，沿苏里那河航行，抵达苏里那城。

对于生活在多瑙河中下游的古人来说，它是一条神圣的河流，武士征

战外出，先要用河水净身，并向它献祭。公元 2 世纪，罗马军队征讨生活在多瑙河平原和喀尔巴阡山的达契亚人时，多瑙河曾施惠于罗马皇帝图拉真。

在罗马图拉真的石柱上，多瑙河被描绘成一个长着胡须的巨人。图拉真是第一个踏着石桥渡过多瑙河的人，该桥在公元 105 年由大马士革的建筑师阿波洛多鲁斯所建。对古代的水手来说，多瑙河水流入黑海，标志着已知世界的终极。

多瑙河河口外的斯内克岛是一座白色的岛，属俄罗斯所有希腊神话中认为，它是通向西天的入口，也是祭拜阿喀琉斯的地方。现在，多瑙河三角洲仍是每年从欧洲中部和北部迁往地中海的候鸟的落脚点。

知识链接

多瑙河是欧洲仅次于伏尔加河的最大河流，它流经前南斯拉夫、罗马尼亚、保加利亚和乌克兰，每年挟带的淤泥约有两亿吨。河长 2850 千米，平均流速为每秒 6500 立方米。它的欧洲中部和东南部、奥地利、德国以及匈牙利的河流都汇集其中，汇水面积超过 80 万平方千米。

拓展思考

1. 多瑙河作为欧洲第二长河，是流经国家最多的河流，试分析其地理位置的重要性？

2. 多瑙河三角洲曾经或是现在有没有受到过破坏？

奇异的贝加尔湖之谜

Qi Yi De Bei Jia Er Hu Zhi Mi

贝加尔湖是世界上最深的、蓄水量最大的湖泊，而且它是淡水湖。它位于布里亚特共和国和伊尔库茨克州境内，湖的形状是狭长的弯曲型，像是一轮弯弯的新月一样，所以又有“月亮湖”之称。总长度约有 636 千米，平均宽 48 千米，最宽处是 79.4 千米，面积 5.57 万平方千米，平均深度 744 米，最深点 1680 米，湖面海拔 456 米。贝加尔湖的湖水非常清澈且稳定透明，它的透明度甚至可以达到 40.8 米，位于世界上湖泊第二。它的总的蓄水量是 23600 立方千米，其两侧还被 1000～2000 米的悬崖峭壁包围着。而在贝加尔湖周围，总共有大小 336 条河流注入湖中，最大的是色楞格河，但是安加拉河是惟一的一条从湖中流出的湖，其年均流量是在 1870 立方米/秒。湖水在注入安加拉河的地方，其宽度约是 1000 米以上，汹涌的波浪可以冲向天际。在贝加尔湖构造的缝隙中的四周都围绕着山脉，而且这些山脉高度达到 2500 多米。在这个湖泊的海底，它的沉积物的厚度大致超过了 8 千米，这也就是为何贝加尔湖的实际深度为 10～11 千米。

◎贝加尔湖的名称寓意

贝加尔湖的寓意有三个意思各不相同的解释。在《世界文化与自然遗产情景写真地图版》的解释是“富饶的湖泊”；而在《彩图版世界文化与自然遗产》则记叙：当地的布里亚特人称之为“贝加尔——达拉伊”，意思是“天然之海”；在《世界奇景探胜录》的文字却是：“贝加尔”之名据说是大约 1300 年前住在这里的库里堪人起的，意思是“大量的水”。

贝加尔湖最早的史书记载是在公元前110年前，那时，中国汉代的一位官员在其札记中称贝加尔湖为“北海”。关于贝加尔湖名称来源还有一种解释：突厥人称贝加尔湖为“富裕之湖”，突厥族语“富裕之湖”逐渐演化成俄语的“贝加尔湖”。而在我国的汉代称它为“柏海”，元代称之为“菊海”，18世纪初的《异域录》称之为“柏海儿湖”，《大清一统志》称为“白哈儿湖”。蒙古人称之为“达赖诺尔”，意为“海一样的湖”，早期沙俄殖民者也称之为“圣海”。

贝加尔湖的湖水存了世界淡水资源的20%，仅这一湖淡水就价值连城。贝加尔湖还有一个很高的称誉，就是“世界之井”，它不仅水量丰富，而且水质上乘，可以直接饮用，不必担心水中有病源体，因为湖中的“清洁工”专门为湖水过滤消毒，那些在湖中特产的端足类虾每天可以把湖面以下50米深的湖水过滤七八次，把海水变成了“纯净水”。

◎似海非海的贝加尔湖

人们始终不明白，贝加尔湖的湖水不咸，为什么会生活着如此众多的地道道的“海洋生物”呢?

※ 贝加尔湖淡水海豹

环斑海豹是当地的标志性动物，它的主要栖息地是在湖北部的乌什卡尼群岛。尽管贝加尔湖的海豹数以万计，但是只有在那里的沙滩上才可以近距离看到，而在其他的水域，环斑海豹除了在浮出水面换气之外，大部分的时间都是潜在水下的。另外，它们的性格也是非常的胆小的，再加上视觉和听觉都很敏锐，所以船舶马达的轰鸣常会把它们吓跑。它是世界上惟一的淡水海豹，在冬季是通过把冰块咬开一个洞口来呼吸，由于海豹一般是生活在海水中的，所以人们曾经以为贝加尔湖由一条地下隧道与大西洋相连。实际上，海豹可能是在最后一次冰期中逆河而上，来到贝加尔湖的，它的体形圆而且胖，但是它在水中很灵活，游泳速度可达到每小时20千米。海豹在陆地上的行动非常的笨拙，这主要是因为它的四肢为鳍状，后肢与尾部相连，永远向后而不能步行。科学家认为，环斑海豹应该是经叶尼塞河及其发源于贝加尔湖的支流——安加拉河来到这里，并在此逐渐演变成世界上独一无二的淡水海豹。另外，世界上的淡水湖中，只有贝加尔湖湖底长着浓密的“丛林”——海绵，而且还有奇特的龙虾生活在上面。

◎贝加尔湖“冰面黑圈”之谜

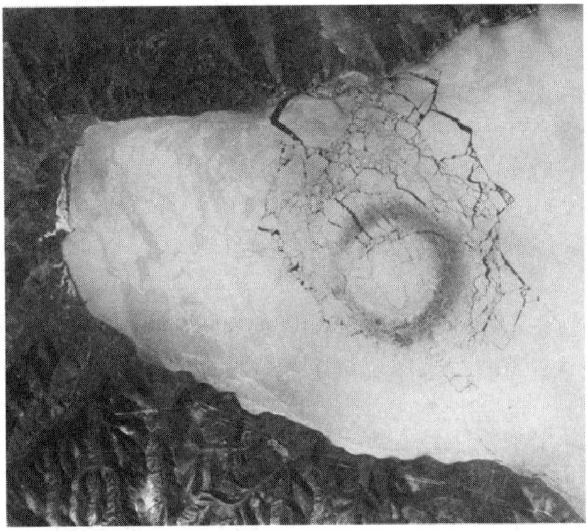

国际空间站宇航员发现贝加尔湖冰面上存在两个神秘的巨大黑色圆圈，如果近距离观察它的话，它的冰面黑圈的直径能够达到 44 千米。在 1985 年和 1994 年贝加尔湖冰面也曾经观测到黑色圆圈。专家们已经找到了这两个巨大黑圈形成的原因，形成它的主要原因是那些从湖底升腾而起的沼气。而那些从湖底释放出来的沼气能够产生上升的温暖水流，在地球自转偏向力的作用下，水流的方向也在发生相应的旋转转变。当温暖的水流接触到冰层的下部时，温暖的水会使这些冰融化，然后就化成了圆形。从冰面上空向下看的时候，那些开始消融的冰面部分就会出现很巨大的黑圈的现象。

贝加尔湖水清澈的原因是贝加尔湖底时常发生地震，地震产生的化学物质沉淀湖底，使湖水净化。

知识链接

科学家们经过研究还发现贝加尔湖有变成“海”的趋势，首先，在它的湖底有洞穴和裂缝，地底热气可以从这些洞穴和裂缝中不断的泄露出去，以至于使附近的水温增到 10℃，此种“水底温泉”只有在海洋中才有。其次，贝加尔湖中生长有海绵、海豹、菌类、海螺、寄生虫、龙虾、蜗牛等海洋生物。关于贝加尔湖是湖还是海，现在还没有明确的定论，而且学者们也一直在研究。

第三章 世界自然遗产之非洲

SHIJIEZIRANYICHANZHIFEIZHOU

非洲是“阿非利加洲”的简称。在希腊文中，“阿非利加”是阳光灼热的意思。由于赤道横贯非洲的中部，非洲绝大部分的土地受到太阳的垂直照射，大部分地区终年炎热，故称为“阿非利加”。非洲总面积约3020万平方千米（包括附近岛屿），约占世界陆地总面积的20.2%，为次于亚洲的世界第二大洲。非洲地区国家有哪些自然遗产，请看本章详细介绍。

坦桑尼亚：乞力马扎罗山国家公园

Tan Sang Ni Ya：Qi Li Ma Zha Luo Shan Guo Jia Gong Yuan

※ 乞力马扎罗山

※ 乞力马扎罗山国家公园风景

乞力马扎罗山国家公园位于坦桑尼亚东北部，邻近肯尼亚，距离赤道仅 300 多千米，占地面积为 756 平方千米。公园内有著名的非洲第一高峰——乞力马扎罗山，其海拔 5895 米，被称作非洲的“珠穆朗玛峰”，也被叫做“非洲屋脊”。该山是一座孤单耸立的高山，在辽阔的东非大草原上拔地而起，高耸入云，气势磅礴。远远望去，屹然独立，周围并无他山与之相伴。山上有基博、马文济两个主峰，两峰之间由一个 10 多千米长的马鞍形的山脊相连。由于是一座休眠火山，至今它仍在不断地变化活动中，在基博峰顶有一个直径为 2400 米、深约 200 米的火山口，口内四壁都是晶莹无瑕的巨大冰层，底部耸立着巨大的冰柱，冰雪覆盖其上，宛如巨大的玉盆。火山傲然耸立，无其他山脉与之相伴。对于许多地理学家来说，更习惯称它为“非洲之王”。乞力马扎罗山周围都是山林，在那里生活着众多的哺乳动物，其中一些还是濒于灭绝的种类。乞力马扎罗山国家公园主要由林木线以上的所有山区和穿过山地森林带的六个森林走廊组成。乞力马扎罗山国家公园和森林保护区几乎占据了整个乞力马扎罗山及周围的山地森林。

◎山体分带

按海拔高度，乞力马扎罗山可分为五个地带，大约以海拔 1000 米为一个梯层，从森林带向上，降雨量、气温和生物都会相应降低或减少。而且每个地带内的活动都受海拔、降雨、气温、植物群和动物群五个因素影响。

1. 南面低坡带

在海拔 800～1800 米的乞力马扎罗山南面低坡带，平原的降雨量为 500 毫米，森林边缘为 1800 毫米，此处曾发现大量的人类活动痕迹。牧场、耕地和人口稠密的居民区已把原始灌木和低湿林取替。低坡带由于其具有“欧式”气候，原本被英国人和德国人指定为未来殖民地。这里植被繁茂，土地肥沃，和北坡形成鲜明对比（北坡因为降雨少，土壤又是多孔性熔岩土壤，因此禁止耕作。）该地带没有大型哺乳动物，只有几种小型树栖哺乳动物，但数目繁多，如大多为夜行动物的丛猴、树蹄兔和神秘莫测的香猫等。

2. 森林带

在海拔 1800～2800 米的乞力马扎罗山森林带，南部的降雨量为 2000 毫米，北部和西部不足 1000 毫米。森林带气候潮湿，林木高大，时而会有聚集的水气形成云霭（特别是海拔 2500～3000 米之间的地带）。云霭使森林带全年更为湿润，森林带日平均温度在 15℃～20℃之间。基本上绕山而行的森林带分布，是植物的最佳生长地区。它是所有低坡地区水源的供应地，乞力马扎罗山 96％的水都来自于森林带，再透过多孔渗水的火山岩向下渗滤，形成山泉。森林带哺育了各种各样的野生动物，包括几种大型哺乳动物如大象和水牛等（因此在某些地区游客必须由携带武器的向导陪同）。在森林以及石南荒原和高沼草原的交界地带，有时会有大羚羊栖息。在这里也可看到疣猴、蓝猴、南北羚羊、小羚羊。偶尔还可以见到印度豹和南非野猪。

3. 石南荒原和高沼草原带

在海拔 2800～4000 米处，是乞力马扎罗山的石南荒原和高沼草原带，森林上部地区的降雨量是 530 毫米，而边缘地带的降雨量则为 1300 毫米。石南属植被和各式各样的野花是这个半高山带以的主要特征。这里还有两

※ 千里光

种与众不同的植物：德肯尼半边莲和乞力马扎罗千里光。千里光能生长在海拔更高的地方，它的枯叶可作植株的保温层。由于海拔太高，该地带没有多少野生动物居住，不过在这里还是能看到野狗、水牛、大象，最多当数大羚羊。希拉高原在偶尔还会有狮子出没。小型哺乳动物也较为常见，同时也有少许捕食者如香猫、树猫和美洲豹等。

4. 高地沙漠带

乞力马扎罗山的高地沙漠带分布在海拔 4000～5000 米之间。该地带属半沙漠地带，降雨量 250 毫米，夜间气温常在零度以下，白天会升至摄氏 30°度。水资源较为匮乏，几乎没有土壤可以保持仅有的水分。据记录显示，可以在这个海拔高度生存的只有 55 种植物。虽然这里长有相当数量的地衣、生草丛和苔藓，但是由于地下水结冰，土壤一夜之间就会移位，所以大部分根茎植物较难存活。沙漠里没有常驻的大型动物，仅有大羚羊、美洲豹、薮猫和野狗等偶尔经过此地。因空气稀薄，只有极少数鸟类能够存活，更没有留鸟。渡鸦和一些大型食肉鸟白天会到这里捕食，但是一到太阳落山，它们就会迅速飞走。

5. 寒带

海拔在 5000 米以上的乞力马扎罗山的山顶地区被称为寒带。该地区降雨量在 100 毫米以下，其明显的特征为冰冻的夜晚和酷热的白天。空气含氧量只有海平面的二分之一。该地带液体地表水最少，一方面是因为降雨少，另一方面是因为其地质组成都是无法蓄水的多孔岩石。所拥有的生命形式也是乞力马扎罗山最少的，更显其阴冷荒凉。仅有少量地衣以每年1毫米的速度生长，因此，即使是毫不起眼的一小片，也是经过了许多年才聚集而成。据调查，蜡菊是这里最高的开花植物，它在基博火山口里的5670米处。不过蜡菊极为罕见，且分布地也极为分散。在这个海拔高度生活的哺乳动物也是如此。

◎独特景观

在乞力马扎罗山，还有两大独特的景观：冻僵的美洲豹和野狗。

1926年，美洲豹首次被当地的传教士理查德·鲁易施博士发现并记录下来。鲁易施是个很有胆量的人，他设法切下美洲豹的一只耳朵。但是不久之后它就被某位纪念品爱好者整个儿搬走，从此就再没人看到过。没有人知道美洲豹为何从别处来到此地。美洲豹属珍贵的观赏动物之一。它整个身体的形状很接近于虎，而身上的花纹又与豹相像，体型大小介于虎和豹之间，是美洲大陆上最大的猫科动物。美国小说家海明威在《乞力马扎罗山的雪》中对其曾有这样的描述：“乞力马扎罗是一座海拔19710英尺的常年积雪的高山，据说它是非洲最高的一座山。西高峰叫马塞人的‘鄂阿奇—鄂阿伊’，即上帝的庙殿。在西高峰的近旁，有一具已经风干冻僵的豹子的尸体。豹子到这样高寒的地方来寻找什么，没有人作过解释。”

1962年，威尔弗雷德·泰斯格、乔治·韦布和埃法塔·乔纳森在汉斯·迈耶点（海拔约5000米）处攀登山峰时遇到五条野狗。当他们继续向顶峰攀登时，野狗始终以300米左右的距离跟随其后，直到他们来到乌呼噜（自由）峰。因为担心受到袭击，他们很快就开始往下走，野狗们也消失在冰川顶端，再没出现过。

据了解，曾经的乞力马扎罗顶峰呈现出完全被冰雪覆盖的状态，冰雪厚度超过100米，冰川一直向下延伸，直至海拔4000米以下。如今乞力马扎罗山顶的冰川只剩下了一小块。最先注意到冰层后退的人是第一个到达顶峰的西方人——汉斯·迈耶，他在1898年的报告里指出，乞力马扎罗山顶的冰川与他8年前第一次登山看到的相比，已退缩了100米以上。如此迅速的变化不完全是因为近年来的全球变暖，而是更长时间气候周期变化的结果。

乞力马扎罗山高高的山顶充满着神奇莫测的气氛，白雪皑皑，山腰云雾缭绕，如梦如幻。尤其到了黄昏的时候，山顶的云雾偶尔散去，金色的夕阳余晖照耀着银白晶莹的峰顶，使之露出妖艳的容颜，显得绚丽灿烂，五彩缤纷。多少世纪里，许多当地人认为这座山是“上帝的宝座”，因而对它敬若神明。很多部族每年都要在山脚下举行传统的祭祀活动，拜山神，求平安。

◎旅游

海明威的《乞力马扎罗山的雪》又使其知名度大大增加。作为世界著名的旅游胜地，坦桑尼亚政府利用这一得天独厚的自然条件，大力发展旅游事业。吸引了世界各地的登山爱好者前进来一显身手。在这里你可以从两条登山线路中获得绝妙的登山体验，一条是“旅游登山”线路，游客在导游和挑夫的协助下，分 3 天时间登上山顶，体验“一览众山小”的感觉；另一条是“登山运动员”线路，沿途悬崖峭壁，十分艰险。当然，不论游客从哪条线路登上山顶，对异国他乡之人来说，都将成为终生难忘的幸事。

▶知识链接

乞力马扎罗山原有三座火山，后经一次复杂的喷发过程，三座火山最终连在了一起。最古老的火山是曾经很高的希拉火山，它位于主山的西面。伴随着一次猛烈的喷发而坍塌，现只留下一处高 3810 米的高原。次古老的火山是马文济火山，它隆起的高度只有 5334 米，是附属在最高峰东边一个独特的山峰。基博火山是三座火山中最大、最年轻的，它在一系列喷发中形成，并被一个约 2 千米宽的破火山口覆盖着。在相继的喷发中，火山口内发育了一个次级火山锥，在稍后的第三次喷发期间，又形成了一个火山渣锥。基于巨大的火山口构成的扁平山顶，构成了这座美丽的非洲山脉的特征。

拓展思考

1. 导致乞力马扎罗山的冰川逐年消退的原因是什么？
2. 乞力马扎罗山国家公园的特点是什么？

马拉维：马拉维湖国家公园

Ma La Wei: Ma La Wei Hu Guo Jia Gong Yuan

※ 马拉维湖国家公园

1984年，马拉维湖国家公园被联合国教科文组织列入《世界遗产名录》。该湖是东非大裂谷的一部分，是一处典型的断层陷落湖。它位于东非大裂谷谷底南部，处在马拉维、坦桑尼亚和莫桑比克三国交接处，大部分水域都在马拉维境内。湖呈狭长形，南北距离约为500千米，东西宽32～80千米，平均水深273米，是仅次于维多利亚湖、坦葛尼喀湖的非洲第三大湖，同时也是世界上第一个淡水湖国家公园。

这里不仅风光优美，而且还有许多独特的自然景观，如有的地方高崖环绕，惊涛拍岸，而有的地方则是草原葱绿，流水潺潺。尤其是北部湖区，更被誉为是中南非洲最壮丽的湖光山色。加之湖区地带，历来就是非洲游览胜地。这里气候温暖，水源充足，土地肥沃，花草茂盛，每年都能看到众多世界游客光顾的身影。

该国家公园海拔高度在1140米以上，由许多被丛林覆盖的小山组成的马克里尔海角，山体多由黑云母花岗岩构成，非常险峻。大约形成于100～200万年前的马拉维湖，是一个独立的生态地理分区，湖中所有的岩石岛屿几乎都互不相连，它们与大陆之间或者有沙质平原相通，或者隔着深水遥遥相望。由于地处热带区，湖水一年四季都有明显的分层现象，表水层温度终年温暖，下层滞水带水温却很低。

◎自然资源

马拉维湖国家公园是亚热带气候，气候温暖湿润，年均温度在22℃

以上，年降水最多可超过 1000 毫米。公园内的三块陆地上生长着猴面包树、合欢树、梧桐树等植物。这里的降雨具有明显的季节性特征，6～8月属旱季，12 月到次年 3 月为雨季。年降雨量约为 980 毫米，年均气温在 26℃以上，月平均气温在 20℃以上。植被为典型的马达加斯加西部的喀斯特地区植被类型，到处可见干燥密集的落叶林和广泛的人为造成的稀树大草原。特有的植物有黑檀木、野香蕉、猴面包树、在岩石地区生长的旱生芦荟等。著名的植物科有大风子科、兰科、豆科、大戟科和桑科等。至于这里的动物群，现今还没有被详细地研究过。惟一的已知变色龙存在地是青地区，记录在案的鸟有 53 种，在保护区内还生存着一些濒危的特级保护动物。

由于保护区面积广大，周围的人口压力较小，贝马拉哈保护区是马达加斯加西部单纯的生物学意义上的保护区。植被主要有浓密的干燥落叶林，这是马达加斯加西部石灰岩高原典型的植被。此外，青地区是周围地区的重要水源地。高原和马南布卢河河谷地区有许多古墓存在。现今除科学研究作者外，法律禁止任何其他人接近这一地区，在保护区附近还有几户非法居住的人家。旅游业在这里也极具发展潜力，尽管目前没有旅游设施，最近的旅馆也远在 150 千米以外。

每当夏季来临的时候，马拉维湖就会出现风急浪高，波涛汹涌的壮观

※ 猴面包树

景象。等浪潮消退之后，在湖岸的一些地方，就会形成宽阔的沼泽地，成为鸟类十分适宜的栖息地。沼泽地上生长着芦苇等植物，草木繁盛。在马拉维湖中生长的龟类多达数百种，鱼的种类居世界淡水湖泊之冠，而且大部分鱼类在世界上都是绝无仅有的。最具代表性的鱼种是一种被称为“丽鱼”的鱼。有上千个品种的丽鱼美丽非凡，大的重达几千克，小的只有几克。生物学家曾在马拉维湖底发现了一座座范围达 4 千米之广的沙堆，数以万计的丽鱼就聚集在这些沙堆之间。性格温和的河马是马拉维湖国家公园最有代表性的哺乳动物。它属草食动物，惧怕炎热，经常躲在湖水里乘凉，只露出眼睛和鼻孔，有时水会突然从它的鼻子里喷出来，如喷泉一般，成年河马的体重在 4 吨以上。在公园的小岛上还栖息着主要以白鹈鹕为主的各种鸟类。这些形态各异，多种多样的美丽动物，组成了马拉维湖国家公园秀美的景观。

在当地尼昂加语中“马拉维”是火焰的意思，原指黄金般颜色的阳光照射在湖面上，湖水泛起了一片耀目的火焰般的光芒。用做国家和湖泊的名称，意为在这个富饶的国土上有一个如火焰般闪光的美丽湖泊。

知识链接

“丽鱼”的“婚姻”。当成熟的雄性丽鱼有了一块属于自己的岩石，用嘴衔沙筑就自己的沙堡后，便会各自严守门户，绝不容许其他雄性丽鱼涉足，因为它们开始择偶婚配了。雄性丽鱼对同性丽鱼冷漠不理，对雌性丽鱼则是殷勤之至。在雄雌丽鱼交配后，雄性丽鱼一身轻松，雌性丽鱼则把鱼卵含在嘴里，直到孵出小鱼，并把它们带大。因此也可以说，小丽鱼是在“妈妈”的嘴里长大的，一般雌丽鱼嘴里能容得下 15～20 条小丽鱼。

拓展思考

1. 马拉维湖国家公园的自然景观有哪些特点？
2. 在马拉维湖国家公园生长着哪些该公园特有的动物？

坦桑尼亚：塞伦盖蒂国家公园

Tan Sang Ni Ya：Sai Lun Gai Di Guo Jia Gong Yuan

※ 塞伦盖蒂国家公园

坦桑尼亚最著名的国家公园——塞伦盖蒂国家公园，位于东非大裂谷以西，阿鲁沙西北偏西 130 千米处，一部分狭长地带向西伸入维多利亚湖达 8 千米，北部延伸到肯尼亚边境。1940 年后这里成为保护区。塞伦盖蒂中部 2286 平方千米地区于 1929 年被定为狩猎保护区，该地在 1951 年建成国家公园后，于 1959 年得到扩大。同年塞伦盖蒂——恩戈罗恩戈罗生物保护区（连同毗邻的马苏瓦狩猎保护区）作为联合国教科文组织人与生态计划中一部分得到国际公认，被列入世界遗产名录。

◎植物动物

塞伦盖蒂国家公园的植被以开阔草原型植物为主，但在尤为干旱时也会演变成沙漠地带的植被类型。主要植物是马唐和鼠尾粟（盐碱土壤的代表植物）等茅草类。在较为湿润地区，生长着占优植物水蜈蚣。公园中部为大片金合欢林地草原、丘陵植物和茂密的林地、以及一些长廊林，它们覆盖了公园北部的大部分地区。

作为有着 300 多万大型哺乳动物的巨大生态园地，公园以拥有现今极大规模的动物群落而闻名于世。这些动物群在季节性的草场和水源地之间来往迁徙，每年的 5～6 月份，许多动物从中部平原集体迁徙到西部狭长地带。主要动物有牛羚、斑马、羚羊、狮子、斑鬣狗等。动物迁徙主要分为以下时间：2 月是牛羚的产犊季节，兽群聚集在矮草平原上。5～ 7 月，主体兽群穿过格鲁米提河和玛拉河，从矮草平原向西部和北部走廊进发。等到了 11 月，为迎接第一场雨的到来，兽群又穿过北部走廊涌入南部地区。从空中俯瞰，迁徙的场面尤为壮观，来到塞伦盖蒂，游人不得不完全被动物迁徙的景象迷住。其实，塞伦盖蒂的整个生态系统，包括一年四季的迁徙性动物和非迁徙性动物，也正是它令人心醉神迷的原因。另有几个地方，不管游人什么时候去，都能欣赏到迷人的野生动物风光。那里有许多不参加迁徙的常驻居民，也有狮子和猎豹等动物。即使是在旱季，南部平原上的荒凉之地也充满了魅力，因为游人可以正好再研究一下驻留在此地的野生动物的各种生存策略。公园东部原为马赛牧区的一部分，马赛人是东非最大的游牧部族，禁止食用野生动物是他们的文化习俗，因此这里的自然资源由野生动物和家畜共同分享。

牛羚和斑马是塞伦盖蒂真正的食草动物领袖，在塞伦盖蒂生态系统中，有约 120 万多只牛羚和 20 万多只布歇尔斑马。它们凭着自己各种食草技巧的全套本领，赢得了要求并不高的鲜美食物，成为塞伦盖蒂中部市场的主要消费者。但牛羚和斑马的食草习性却完全不同。牛羚属反刍动物，像牛一样喜好品质优良的草料。斑马则更像马，食量比牛羚大且能够接受质量较差的牧草。在食草方式上，这两种动物也是截然不同，不过这样可以相应减少两者之间的竞争。牛羚的吃草速度比任何对手都快，它是先用下前齿和上颚垫夹住草，把它扯断，立即吞下去，以后再慢慢花时间反刍。斑马则是用它锋利的上前齿和下前齿先把草切断，接着用臼齿嚼碎，然后再把它吞下去。而诸如格兰特瞪羚和汤姆森瞪羚等其他小型食草

※ 塞伦盖蒂动物大迁徙

动物，因为嘴巴较小，它们专以牛羚和斑马留下来的短草为食。

塞伦盖蒂最出色的猎手、最有魅力的研究对象当数鬣狗。在塞伦盖蒂地区，鬣狗氏族共有 80 个。因为有着可怕而高亢的叫声和偷偷摸摸的夜行习惯，鬣狗被许多非洲人视为巫婆或者邪恶的妖精。对马赛族、卡拉马雍和其他一些部族来说，鬣狗曾（在偏远地区现在仍是）充当着出色的“殡仪员”角色，它们会把死者的尸体啃食殆尽，然后将其仅剩的灵魂送到另一个世界。虽然鬣狗的外表看起来丑陋可怖，但对于子女而言，它们却称得上是最慈爱的父母。每当在外面猎取到食物，它们会尽可能地吞食，回到巢穴后再反刍出来让子女进食，并且每次都把把最好的肉留给孩子们。在鬣狗幼子中，雌性鬣狗自出生后可以一直留在本族，而雄性鬣狗长到两三岁就得离开原来的团体。

◎公园生态系统

1. 玛拉生态区

塞伦盖蒂国家公园保护区与北部肯尼亚的马赛——玛拉国家公园共同组成了闻名遐迩的塞伦盖蒂——玛拉生态区。蓝色暮霭中的塞伦盖蒂充满了神秘色彩，同时也蕴藏着无限生机，“适者生存”的残酷现实，在这里经常上演着。

2. 天然走廊

中部塞伦盖蒂地区的延伸带是森林走廊，格鲁米提河从它遍布着陡峭丘陵的平原上蜿蜒流过，河的两岸分布着灌木丛和森林。从属于偏远地区的北部走廊，可以到风景秀丽的罗伯地区，它还通向肯尼亚边境和边界线那头的马赛——玛拉生态区。

3. 塞隆勒拉山谷

塞伦盖蒂国家公园的总部所在地是塞隆勒拉山谷的长草平原，大部分的旅馆和野营地都集中在此。塞隆勒拉集中了全非洲最多的狮子和猎豹。沿着河谷而行，不管任何时候，都能欣赏到本地的野生动物风光。这里也是全塞伦盖蒂最好的观赏猎豹、河马、鳄鱼和大象的地区之一。越过塞隆勒拉，就到了西部和北部走廊，与塞伦盖蒂的其他地方相比，这里显得更为原始和荒凉，来访游客相对较少，一般都是在某个适当的季节追随迁徙的野生动物而来。

知识链接

动物迁徙是塞伦盖蒂国家公园最壮观的景象之一。牛羚的迁徙旅途艰辛而充满危险，除了格鲁米提河和玛拉河是牛羚等迁徙性动物的障碍之外。狮子、鬣狗和猎豹等食肉动物也是它们的威胁。通常，牛羚会向西北方向进军，在提心吊胆地跨过格鲁米提河后，迁徙队伍向北移动，然后越过坦肯边界，进入马塞一玛拉。在这里它们必须跨过玛拉河，真正的障碍也就此来临——巨大的鳄鱼正在等待着这些踌躇不前的猎物，而且这种威胁将伴随着它们整个旅途。如果一只牛羚在玛拉河遭遇了鳄鱼的袭击，拖着受伤的腿侥幸逃命，刚刚离开玛拉河，它就有可能又落入狮子的腹中，仍然逃脱不了死亡的追捕。

拓展思考

1. 塞伦盖蒂国家公园的自然景观有哪些特点？
2. 在塞伦盖蒂国家公园中为何会形成动物大迁徙的壮观景象？

赞比亚：莫西奥图尼亚/维多利亚瀑布

Zan Bi Ya：Mo Xi Ao Tu Ni Ya/Wei Duo Li Ya Pu Bu

※ 莫西奥图尼亚/维多利亚瀑布

莫西奥图尼亚/维多利亚瀑布是世界著名瀑布奇观之一，它位于非洲赞比西河中游，是赞比亚与津巴布韦接壤处，瀑布最高处108米，宽1700多米，其高度和宽度是尼亚加拉瀑布的一倍。年平均流量约为935立方米/秒。在流抵瀑布之前，广阔的赞比西河舒缓地流动在宽浅的玄武岩河床上，然后突然从约50米的陡崖上跌入深邃的峡谷。河间岩岛把主瀑布分割成数股，溅起高达300米的浪花，远在65千米之外便可见到。新月升起之时，光彩夺目的月虹映射在水雾中的景色十分迷人。由于瀑布声如雷鸣，当地卡洛一洛齐族居民形象地称其为“莫西奥图尼亚”，即“霹雳之雾”之意。

据记载，公元90年时，赞比西河两岸就有少数农业人口定居。多数原住民则在距瀑布半径128千米范围内以渔猎为生。现今，有东加人、洛齐人、莱雅人、托卡人和苏比亚人等当地部落在此生活。东加人每年在瀑布旁举行雨祭，将黑色公牛扔入峡底祭奠河神。

第一个见到该瀑布的白人是英国探险家李文斯顿，他在1855年11月16日抵达瀑布所在地。瀑布带是长达97千米的“之”字形峡谷，落差为106米。整个瀑布被利文斯敦岛等4个岩岛分为5段，“魔鬼瀑布”“主瀑布”“马蹄瀑布”“彩虹瀑布”和“东瀑布”都是以其流量和落差的不同而分别被冠名。“魔鬼瀑布”位于瀑布最西边，它以排山倒海之势直落深渊，轰鸣声震耳欲聋，强烈的威慑力使人不敢靠近，是瀑布王国最为气势磅礴的瀑布，中间为流量最大“主瀑布”，它高122米、宽约1800米，落差约

93 米，中间有一条缝隙。因被岩石遮挡为马蹄状而得名的“马蹄瀑布”位于东侧。“彩虹瀑布”位于“马蹄瀑布”的东边，空气中的水点折射阳光，产生美丽的彩虹，巨帘一般，它因时常可以从中看到七色彩虹而得名。水雾形成的彩虹远隔 20 千米以外就能看到，彩虹经常在飞溅的水花中闪烁，并且能上升到 305 米的高度。在月色明亮的晚上，水气更会形成奇异的月虹。“东瀑布”是瀑布中最靠东的一段，在旱季时，它往往是陡崖峭壁，只有到了雨季，才成为挂满千万条素练般的瀑布。

堪称人间奇观的莫西奥图尼亚/维多利亚瀑布，以它独特的形状、规模及声音而闻名于世，加之瀑布附近的“雨林”又为莫西奥图尼亚/维多利亚瀑布这一壮景平添了几分姿色。面对瀑布的峭壁有一片长年青葱的树林（周围的草原在干旱季节时也会失去绿色）即为“雨林”。它靠瀑布水气形成的潮湿小气候长期维持茂盛状态。作为这里的一大景点，“雨林”仿佛终日置身于雨雾迷蒙之中，晴天也不例外。

在 8 月～12 月水位较低的旱季里，莫西奥图尼亚/维多利亚瀑布的全部宽度可尽收眼底。而等到 3 月～5 月的洪水季节，那情景就变得惊天动地。赞比西河狂涛怒波，以万马奔腾之势飞泻而下，流量是旱季时的 15 倍之多。

知识链接

关于维多利亚瀑布的美丽传说：相传，在维多利亚瀑布的深潭下面，每天都有一群如花般美丽的姑娘，穿在她们身上的五彩衣裳的光芒被瀑布反射到了天上，又被太阳变成了美丽的七色彩虹，而她们日夜不停地敲着金鼓，金鼓发出的咚咚声，又变成了瀑布震天的轰鸣。姑娘们舞蹈溅起的千姿百态的水花最终变成了维多利亚瀑布上空漫天的云雾。

拓展思考

1. 维多利亚瀑布是世界上落差最大的瀑布，试分析其原因？
2. “雨林”中是否有动物存在？

科特迪瓦：塔伊国家公园

Ke Te Di Wa：Ta Yi Guo Jia Gong Yuan

塔伊国家公园占地面积 3500 平方千米，是非洲地区最后一片重要的热带原始森林。

※ 塔伊国家公园

它位于科特迪瓦西南部的吉迪格洛省和萨桑德拉省，距海岸 100 千米处，西邻利比里亚边界，东以萨桑德河为界。1926 年，该公园曾经建立了面积为 9600 平方千米的莫耶－卡瓦利森林保护公园。1933 年改为物种专门保护区，只有涅诺科埃山地区才允许人们游览观光。1956 年，在此地设立动物保护区。根据第 75～545 号总统令，该地于 1972 年 8 月 28 日被列为国家公园。1978 年，联合国教科文组织将其列入“生物圈保护计划”；1982 年，它被列入《世界自然遗产》目录。

◎地理状况

1. 地形

该国家公园的地形是远古时代形成的倾斜花岗岩准平原地形，土壤大都含有高铁酸盐，较为贫瘠，但南部地区比较肥沃些。几座因火山喷发而成的孤山打破了地形的沉寂。大量片岩穿插于公园内并呈西南－东北走势，多条河与之平行而流，经常会有这些水道的支流横亘在岩石前方。

2. 气候

塔伊国家公园有两种赤道过渡带气候，且这两种气候的差异性极大。南部平均年降水量为 1700 毫米，北部平均为 2200 毫米。该地的降水量一般在 6 月的时候达到高峰，之后会迎来 9 月这个短暂的湿润季节，典型的干燥气候出现在 12 月至翌年 2 月。在海洋和森林的双重调节作用下，这里气温没有明显变化，一般都在 24℃～27℃之间，但相应的空气湿度很高。1986 年，科特迪瓦全境降雨不足，造成该情况的原因可能是植被覆盖面积的大量减少。

3. 景观

塔伊国家公园内地貌以平原为主，仅在南部有海拔高 623 米的涅诸奎山。景观以低地雨林植被为主，是西非仅存的热带原始森林之一。原来一直延伸到加纳、科特迪瓦、利比里亚和塞拉利昂的辽阔森林，现今仅存塔伊国家公园等几个地区，而且塔伊国家公园是西非保留下来的最大的森林岛屿。

◎植被

在塔伊国家公园中，分布着热带原始森林区，是地球上为数不多、面积较大的一个森林区。公园里的植被从南到北有明显的分带现象。公园南部，潮湿而富饶的地区占三分之一，其中所含的 150 种植物属极为典型的湿润热带雨林植物，尤以豆科植物居多。塔伊国家公园内生长的森林由于气候条件的限制分为两类：一类主要由单性大果柏构成，另一类主要有由柿树构成。在这两类森林区中，生长着多种地区性植物，以及被人们认为早已灭绝的植物，如紫穗槐。塔伊国家公园里还生长有 1300 来种较高的植物，其在几内亚特的植物占 54%。浓密、喜雨的常绿林在公园的植被中占据着绝对优势，它们的主要特色是拥有 40～60 米的高度及粗壮的树干，以至于有时它们不得不用扶臂支撑住自己高大的身躯。在海拔较低处生长着众多的真菌和藤蔓植物，如铁角蕨属。东南部的土质优于北部，生长着棕榈树、黑檀树等植物。塔伊国家公园于 1972 年明令禁止商业采伐树木，森林因此得到了很好的休养生息，一些原本以为灭绝的植物也在塔伊国家公园发现过。

◎动物

塔伊国家公园拥有丰富的物种资源和一些濒临灭绝的哺乳类动物，公园里的动物群属于西非森林的代表物种。在几内亚雨林中出现的 54 种所有大型哺乳动物中，生活在这个公园里的就有 47 种动物，其中包括 5 种濒危动物。这里的哺乳动物主要有白腹长尾猴、白鼻猴、黑白花的疣猴、赤疣猴、绿疣猴、乌色白眉猴、巨型穿山甲、树生穿山甲、长尾穿山甲、金猫、非洲象、利比里亚矮河马、大河猪、巨型林猪、野牛、豹、黑猩猩、斑马、水鼷鹿、非洲水牛、斑鹿羚、非洲大羚羊、金丁克羚羊、奥吉比羚羊、黑色小羚羊、斑纹小羚羊、黄背小羚羊等等。森林里还有诸如灰鼠的啮齿类动物。公园中有多达 230 种有记载的鸟类，其中包括胸部呈白色的珠鸡、杜鹃鸟和伯劳鸟。

知识链接

在塔伊国家公园边界出现有偷猎动物的现象，北部森林也遭受了一定的破坏。近年来，科特迪瓦塔伊国家公园里丰富多样的植物及几种濒危动物引起了科学家们的重点关注，国际自然和自然资源保护协会及世界野生动物基金也将塔伊国家公园列为全球可持续发展战略实施的先头工程和示范榜样。只有采取保护措施才能使塔伊国家公园有更好的发展。目前该公园仅有极小的一部分地区受到人类活动的影响。

拓展思考

1. 塔伊国家公园是西非剩下的最后一个原生热带森林，对该公园的关注和研究有什么意义？

2. 塔伊国家公园里都有哪些风景名胜？

乌干达：卡苏比的布干达王陵

Wu Gan Da：Ka Su Bi De Bu Gan Da Wang Ling

※ 卡苏比王陵

位于东非乌干达境内的卡苏比的布干达王陵在维多利亚湖北岸。该地区有一处名叫“坎帕拉”的山丘涌聚之地。所谓“坎帕拉”，在当地语言中是“小羚羊之地”的意思。相传，这里曾是布干达国王放牧羊群的牧场。距坎帕拉稍南的门戈，是布干达王国的都城。坎帕拉于 1962 年被定为独立后的乌干达的首都，如今也是乌干达最大的城市。当年的牧场早已变成了今日的美丽花园城市。不过，在那大大小小的 40 多个山头上仍然能看到这美丽的花园起伏的样子。山头中，大山头有 7 个，上面有寺庙、教堂和古老的王宫、陵墓等建筑，而著名的卡苏比的布干达王陵就在西部的卡苏比山头上。

卡苏比王陵被乌干达人视为神圣的地方，在那里埋葬着乌干达王国的最后 4 个国王。它位于坎帕拉西面约 16 千米处，是乌干达王国时期的王家陵园。

作为乌干达历史上最强大的王国——布干达王国，相传，它兴起于 16 世纪末，并在 19 世纪下半叶发展到鼎盛时期。一般来说，18 世纪时，布干达王国发展为中央集权的封建国家，不过当时还有相当数量的奴隶存在。这些奴隶都是从附近的国家中掠夺而来，其中一个很大的奴隶来源地是在其南面的布杜国，所以在布干达的语言中，直接就用“布杜”来表示奴隶的意思。在布干达王国，奴隶的地位非常低下，可以被自由买卖或者是被主人任意打杀，处境相当悲惨。据当时一个英国传教士回忆，有一个奴隶只因无意间打翻了一葫芦酒，就被酋长杀了。至于“人祭”，在布干达也被长时间保持着。每逢重大节日，他们就要用大量的活人作祭物。

1856～1884 年穆特萨一世在位期间，仅在他 1856 年登基之时，就砍掉了几百个奴隶的脑袋。尽管奴隶地位比较低下，但只要他们同自由农民结了婚，他们的儿女就能取得布干达自由民的身份并享有自由民的一切权利。

乌干达王国的经济相对来讲比较发达，特别是农业、手工业都达到了较高的水平。据英国的探险家斯皮克——第一个来到布干达王国的欧洲人描述说："在那里，像英国驿道一样宽广和笔直的道路，穿过茂盛的草地，爬上起伏的群山。居民的茅屋和花园也很干净整齐。布干达人穿着也很漂亮，他们穿着整洁的树皮袍子，好象是最好的黄色灯芯绒，褶缝笔挺，像烫过似的，外面还披上用小羚羊皮缝成的东西作为上衣，缝合精致，英国工匠所能做到的也不过如此。国王的服饰更为考究，当时在位的是穆特萨一世，他的衣饰"明亮、整洁和精致"，都给斯皮克留下了深刻的印象。

富饶美丽国家当然被很多人觊觎，布干达王国使外国侵略者垂涎欲滴。从 19 世纪上半叶开始，大批阿拉伯人、英国人和法国人开始先后涌入布干达。他们一面传播宗教，一面借以宗教为掩护对该国进行无耻的掠夺和扩张。布干达的统治者在明争暗斗的各派传教士的左右下发生了激烈的斗争，使国势日趋衰落。尽管曾有当时的两任国王先后觉察到了传教士活动的危险性，并为此采取了一些限制措施，但由于势力强大的伊斯兰教徒的反抗加上王国内部的争权夺位，使得整个乌干达在 1896 年沦为英国的殖民地。

具有"先见之明"的穆特萨一世就是第一位察觉到危险的国王，也是第一位葬入卡苏比王陵的国王。卡苏比王陵所在地原是穆特萨一世的王宫，建于 1882 年。穆特萨去世后，遵照他生前的意愿把他葬在了宫内，这之后，王宫便改为王陵。

四周被用非洲大象草编织的篱笆环绕着的卡苏比王陵，大象草全部倒置斜插，寓意表示院内主人已经不在人世。陵地内有大小不等的圆锥形草房七座。最大的一座高约 10 米，底面直径为 15 米，这里埋葬着布干达王国的最后四位国王，布干达人视其为圣地。草房正中高悬一块特大的褐色树皮布，似一道屏幕将房间一分为二。屏幕前用以祭祀或瞻仰者盘坐。屏幕下边有一个隆起的上设四个象征性的国王坟茔的平台，坟前挂着他们生前用过的长矛、大刀和盾牌，屏幕后边是四位国王的墓地。

曾经王后和妃嫔居住的宫室是王陵庭院两侧的 4 座草房。在布干达王国，国王因为要从每个氏族中选择至少一个女子作为嫔妃，所以他们拥有许多妻妾。在这些嫔妃里，通常只有出身于本氏族的嫔妃所生的儿子才会被选为国王的继承人。虽然，布干达王国王位的继承已按父系，但其过去按母系继承的痕迹依然留存着。以太后、王后以及众公主中选举出来的大

公主在王宫里具有显赫地位，并且拥有很大的权力。

此外，庭院里还有一座草房是专为禁军居住而建造的。鼓室是大门左侧的草房，这里保存着二三十个形状各异的大小兽皮御鼓，它们象征着王国的政权。大门右内侧原有一个长方形的火炉。国王在世时，鼓室中昼夜不停地传出几十名御鼓手击鼓的声音。几十个御炉工则在火炉边夜以继日地保持炉火的常燃不熄。“咚咚”的鼓声伴着终年燃烧的熊熊火焰标志着国王的健在和王国的兴旺。若国王驾崩，则会鼓息火灭。等到新王登基，又会重新击鼓点火，“咚咚”的鼓声和熊熊的火焰将再一次夜以继日地响着、燃着、繁荣着。直到 1967 年，王国废止，这御鼓和火炉也随之结束了它们的使命，成为陈列的文物，年年岁岁向游人静态地展示从前王国生活的一个侧面。

知识链接

卡苏比王陵原本是一座王宫，位于乌干达首都坎帕拉，乌干达王朝的后期，即穆特萨一世在位期间，乌干达王朝遭遇外强入侵，后来穆特萨一世和他的 3 个继位者均埋葬在此，该王陵是布干达王国的历史见证。一道以常年翠绿的小竹子建成的篱笆环绕在皇陵的四周，成为一道独特的“绿色围墙”；正中间是一个庞大的，远远看去像一座巨大的坟墓的圆形建筑物。

拓展思考

1. 简要说明乌干达王朝最终灭亡的原因有哪些？
2. 关于布干达王陵，你还了解哪些？

埃塞俄比亚：瑟门山国家公园

Ai Sai E Bi Ya：Se Men Shan Guo Jia Gong Yuan

瑟门山国家公园占地面积 225 平方千米，平均海拔 4000 米。该公园位于埃塞俄比亚北部的高原上，距首都亚的斯亚贝巴约 500 千米。公园中的德善峰高达 4620 米，是非洲第四高峰。山上奇峰参差，怪石嶙峋，山路崎岖艰险，只有步行或骑骡才可上山，是登山爱好者的理想去处。

埃塞俄比亚最高的山峰拉斯达什恩在瑟门山，最高峰高约 4437 米。这里还有瓦里亚野山羊和吉拉达狒狒，是许多游客游玩的好去处。

※ 瑟门山国家公园

在瑟门山的南面，有一条深约 1000 米的峡谷，峡谷中悬崖天垂，壁立千仞，堪称一大奇观。山中有许多珍奇动物和鸟类，包括埃塞俄比亚独有的门红狐。肥沃的牧场和农田位于山区 3000 米以下，茂盛的林木生长于 3000～4000 米之间，多为非洲高山植物，而在 4000 米以上之地，仅有地衣和苔类植物。山上多处建有露宿营地，为登山者和游客提供食宿。

知识链接

作为联合国教科文组织命名的世界文化遗产之一的瑟门山国家公园，不仅有各种姿态的植物，还有层峦耸叠的山峰，是野外探险、观光游玩的好去处。由于地势高且较为险峻，这里的天气和气候也与其他地方有所不同。

拓展思考

1. 瑟门山国家公园有哪些植被和动物？
2. 瑟门山国家公园有哪些地形特点？

南非：罗本岛

Nan Fei：Luo Ben Dao

罗本岛占地面积约为13平方千米，是位于南非的一个岛屿。自17世纪到20世纪间，罗本岛的用途经过了多次的变换，成为了一个可以了解和感受历史的地方。岛上的建筑则是其阴暗历史的最有力的见证，尤其是那些作为关押政治犯的最安全的监狱。罗本岛及其监狱建筑象征着人类精神、自由和民主战胜压迫取得的胜利。

从原来的流放地变为今日的旅游胜地，罗本岛历经了长期的衍变过程。早些年，这里曾是人口的流放地。1846～1931年间，该岛曾一度成为麻风病人的收容所，许多精神病患者也被送往此地。1864年，岛上建造一座灯塔。自1960年代中期到1991年间，罗本岛又成为南非最大的秘密监狱，这里的犯人大部分为黑人政治犯，直到1991年，最后一批犯人被释放后，监狱才计划关闭，并决定将该处改变为一个旅游胜地。1999

※ 罗本岛

年，罗本岛被联合国教科文组织列为世界遗产保护区。

◎生物种类

据考查显示，罗本岛上一共生存有74种鸟类，其中海鸟有14种，涉禽类或其他水鸟有24种，其余的大部分都是陆地鸟类。在这些鸟类中，至少有6种是人们从外地带来的，如欧石鸡（一种鹌鹑）、珠鸡就带有浓郁的异国风情。岛上还有许多海鸟在此休养生息。一些陆生鸟类，如白鹭和黑冠苍鹭，也成群结队地来罗本岛繁殖后代。17世纪时，岛上的企鹅更是到处都是，后来由于频繁的人类活动，这些动物处在了灭绝的边缘。直到1983年，这一现象才有所好转。

同时生活在罗本岛上的还有8种蜥蜴和壁虎、2种两栖类动物、3种蛇和1种乌龟。岛上还发现有少量南非白纹大羚羊、跳羚、小岩羚和非洲旋角大羚羊的痕迹，鸵鸟的数量也在日益增加。岛周围的水生动植物是典型的西南海角生物代表，众多的鲍鱼和龙虾受到当地的保护。

知识链接

由于曾经是英国犯人和麻风病人的流放地和隔离所，因此罗本岛又有“死亡岛”之称。这里还曾被当作监狱来专门关押黑人政治犯，包括南非前总统曼德拉、现任总统姆贝基之父等3000多名黑人运动领袖和积极分子。因此，罗本岛被看作是南非黑人反对种族隔离、争取民族自由解放的象征。1994年11月，新南非诞生。1996年9月，罗本岛被政府宣布为国家博物馆，成为著名的瞻仰地和旅游胜地。1999年12月，罗本岛被联合国教科文组织列为世界遗产。

拓展思考

1. 罗本岛有哪些历史背景？
2. 罗本岛有哪些观赏价值？

第四章 世界自然遗产之南美洲

SHIJIEZIRANYICHANZHINANMEIZHOU

南美洲位于西半球的南部，是“南亚美利加洲”的简称。该洲东濒大西洋，西临太平洋，北濒加勒比海，南隔德雷克海峡，与南极洲相望。以巴拿马运河为界与北美洲相分。

委内瑞拉：卡奈依马国家公园

Wei Nei Rui La：Ka Nai Yi Ma Guo Jia Gong Yuan

卡奈依马国家公园占地面积3平方千米，位于委内瑞拉东南部玻利瓦尔州东部的吉阿纳高地，卡劳河与卡罗尼河汇合处的上游。靠近圭亚那和巴西的边界。具有内部平平的山顶是该公园最显著的特点，这里还有多山的水系和发达的大萨瓦纳盆地。

※ 卡奈依马国家公园

卡奈依马国家公园内有一片一望无际的原始热带雨林，茂密的树林和稀树、草原以及开阔的草地生长在这片雨林带的沿岸。该带河流交错，飞瀑争喧，高山壁立。岩层表面长有一种地衣类植物，这种植物分泌的植物酸能把岩石的表面变疏松。苔藓类植物从疏松的岩石表面生长出来，并把脆弱的岩面变成腐土，腐土上又长出各类植物。

1962年，卡奈依马国家公园建立，最初的占地面积为1万平方千米，1975年，为便保护旁边的河流盆地的各个分水岭，增大到3万平方千米，相当于欧洲比利时的国土面积，是当时世界上最大的国家公园。因其非凡美景和生物地理上的价值符合全部四项自然遗产遴选标准，该公园于1994年被列入世界遗产名录。令人惊诧的是，卡奈依马这个名字居然是来源于委内瑞拉一位作家所写的小说《卡奈依马》，而它在当地语言中的意思是“恶意之神”。

◎自然地理

卡奈依马国家公园主要的地质岩层有三个。最古老的岩层于12亿～36亿年前形成，它是地下的火成岩和变质岩的岩基。当时的南美洲和非洲是连在一起的。从16亿～10亿年前，最早形成的岩层已经被深深地埋在了下面，其上部形成了一个沉积盖；第二层由石英岩和沙岩层构成，被称为罗赖马群系，是形成该公园内奇特地形特征的基础，前寒武纪时期，这些岩层或许正处在浅海和较大的陆地湖泊之中。到了古生代和中生代时期，由于岩浆的不断作用，最终穿透了已经存在的沉积层，从而形成了侵入岩。这些侵入岩是典型的辉绿岩，只是其中所含花岗岩的成分要少一些。该岩层与美国西南部的亚利桑那州中的沙漠里发现的岩层不同之处在于：这些岩层的形成是靠几百万年来周围陆地的侵蚀过程而形成的沙岩山丘，是以前形成的岩层，其硬度要比现在的硬，且是断层罕见的地带，这一特点使其不易遭到侵蚀，从而得到完好的保留。

◎物种稀缺

由于土壤养分的极度缺乏，该地区很难支持较大一点的生物群落的生存，从而使得这里只有非常稀少的动物种类。委内瑞拉东南部的传统居民，包括卡奈依马公园内的居民，都是佩默恩的本地居民，属于加勒比语系的一部分，其中大约有三分之一都属于这个国家公园。至于大萨巴纳人第一次占领该地区的具体时间，现今尚无从知晓，但是，一般认为约在两百年前佩默恩人移入了这里。也许正是因为土地贫瘠才导致这个地区的“晚殖民化”。尽管只有短暂的定居历史，但佩默恩人的生产生活对这里的自然环境还是产生了影响。这里所形成的岩层、瀑布、湍流、湖泊和溪流的命名，均来自于神话中的描述。

◎瀑布之乡

卡奈依马国家公园地区瀑布众多，落差有几百米。飞瀑差不多遍布了这里全部的大小河流。众多飞瀑各具姿态，有的深藏于万仞峡谷之中，显得极为飘逸、幽远；有的又气势磅礴、摄人心魄。在汇人卡罗尼河之前，卡拉奥河河水有两度大跌出现在阿恰和尤里，正是由于阿恰起伏不平的地势，造就了该地最为壮观的大瀑布群景观，这里的水流量又大又急，訇然下落，形成一组壮观的瀑布。因拥有许多壮观的瀑布，所以卡奈依马国家公园被称为“瀑布之乡”。

※ 安赫尔瀑布

“瀑布之乡”内最著名的是安赫尔瀑布，该瀑布位于卡罗尼河的支流丘伦河上，底宽152米，落差达979米，是世界上落差最大的瀑布，也是世界十二大瀑布之一。瀑布原名为卡隆·迈鲁瀑布。1910年，俄尼斯托·圣戴斯·拉克路斯首次向世人披露。1935年，美国一位名叫吉米·安赫尔的飞行员重新发现了这一瀑布。后来人们为了纪念这位因飞机失事而牺牲的飞行员，便把此瀑布称为安赫尔瀑布。

安赫尔瀑布又叫丘伦梅鲁瀑布。它藏身于委内瑞拉与圭亚那的高原密林深处。丘伦河水从平顶高原奥扬特普伊山的陡壁直泻而下，几乎未触及陡崖，落差达979.6米，约是尼亚加拉瀑布高度的18倍。瀑布分两级，先泻下807米，落在一个岩架上，然后再跌落172米，落在山脚下一个宽152米的大水池内。由于该区热带雨林非常茂密，人们不可能步行抵达瀑布的底部。雨季时，河流因多雨而变深，可以乘船而入。一年中的其他时间里，只能从空中观赏瀑布。所以，这也是安赫尔瀑布虽早已驰名世界，但能有机会亲眼目睹其“芳姿”的人还是为数寥寥。

知识链接

宽阔的卡奈依马湖，不仅是一条由跌落的水流汇成的河流，还是一个湖水清澈见底，而且在其河岸边还冲淘出有一条沙滩的湖泊。湖泊河岸两边的棕榈、芭蕉长得青翠欲滴，浓密茂盛。青山、飞瀑、细沙、平湖绘成一幅引人入胜的山色飞瀑图。卡奈依马国家公园里，还有很多珍禽异兽，例如美洲虎、树懒、水豚等。该地雄浑壮美的景象得到了无数游人的好评。

拓展思考

1. 与美国西南部的亚利桑那州中的沙漠里发现的岩层相比，卡奈依马国家公园的地质岩层有什么不同之处？

2. 卡奈依马国家公园的落差瀑布是怎么形成的？

厄瓜多尔：加拉帕戈斯群岛

E Gua Duo Er：Jia La Pa Ge Si Qun Dao

※ 加拉帕戈斯群岛

加拉帕戈斯群岛即科隆群岛，正式名称为哥伦布群岛。该群岛由19个火山岛组成，总面积达8000平方千米，从南美大陆延入太平洋，约1000千米，被人称作是“独特的、活的生物进化博物馆和陈列室”。现今仍存有一些不寻常的动物物种。如陆生鬣蜥，巨龟和多种类型的雀类。查尔斯·达尔文在1835年参观了这片岛屿后，从中得到感悟，为《进化论》的形成奠定了基础。据说，最初发现该岛时，人们称它为“斯坎塔达斯岛”。后因该岛上有许多很大的乌龟，因此改为“加拉帕戈斯群岛”，意为“巨龟之岛”。厄瓜多尔统治这些岛后，又 将其更名为“科隆群岛”。该岛96.6%的面积现为国家公园，其周围为一个面积79.9平方千米的海洋保护区。

◎地质地貌

加拉帕戈斯群岛是由海底抬升的熔岩堆积物形成的一组海洋岛，东西延伸约300千米，南北绵延约200千米，与南美大陆相距约1000千米。群岛中最大的岛屿是伊莎贝拉岛，面积约4588平方千米，其次还有圣鲁斯岛、圣华金山岛等大小共60多个岛屿，该群岛的形成原因是火山喷发。岛上耸立着一座座高大的火山，暗红色的火山喷发物堆满了崎岖不平的地表，最高的一座海拔1707米的火山名为沃尔夫火山，位于伊莎贝拉岛(伊莎贝尔）上，次高的是一座死火山海拔为1689米，名为阿苏尔山。在一些火山口偶尔会有天然湖泊形成，这些湖泊犹如镶嵌在火山顶峰的碧玉，晶莹闪亮。该岛虽然距赤道不远，但由于受秘鲁寒流的影响，并非终年高温多雨，只有一些仙人掌和灌木丛分布在其沿海地区，在较高的山坡上生长有高大的树木，树下铺满羊齿类植物。适合热带和寒带生存的动物共同生活在这里，主要动物有海狮、海豹、海獭、鹈鹕、信天翁、企鹅、反舌鸟、火烈鸟等。

◎气候特点

加拉帕戈斯群岛的气候特征是雨量较少、湿度低、气候凉爽、水温不高。受热带气候影响，该岛上大部分地区干燥少雨，甚至无雨。大岛的大部分地区和所有小岛都覆盖着耐旱植被，如仙人掌。刚满百岁的“新鲜”熔岩占据了群岛不少地方，那里几乎寸草不生。只有最高山的东南坡能“截住”一些云，从而形成雨雾，让这个狭窄的山麓保持潮湿。又由于群岛正处在寒暖洋流交汇处，其位置的特殊性，使来自南部的秘鲁寒流和北部的赤道暖流交汇于此，使这一地区的海洋生物异常丰富，喜寒、喜暖动物一应俱全。

◎植物园

约有 700 种高等植物，其中为当地特有的种属约占 40%。植物与中美、南美洲有较近的亲缘关系。干燥低地覆盖着空旷的仙人掌林。海拔较高的过渡地带覆盖着森林，主要有腺果藤树、醉鱼树和番石榴等树种。无树的高地上只有蕨类和草类。

1935 年和 1959 年间，厄瓜多尔政府先后把加拉帕戈斯群岛部分地区划为野生动植物保护地。1968 年，保护地成为加拉帕戈斯国家公园，在厄瓜多尔建在圣克鲁斯岛上的达尔文生物站的协助下进行管理。促进科学研究和保护加拉帕戈斯群岛上土生土长的动植物是该生物站的宗旨。

◎动物园

加拉帕戈斯群岛闻名的另一个原因是在该岛上有一些比较罕见的动物，如巨大的陆龟（古西班牙语称龟为“加拉帕戈斯”）就生活在这里，相传，这种龟是地球上生命最长的动物。岛上的动物群与中美、南美洲的动物群有较近的亲缘关系，说明岛上多数动物源出那里。动物稀少的原因主要是远越海洋的困难性造成的。岛上的两栖动物很少，爬虫也不多，当地特有的陆地哺乳动物只有 7 种齧齿动物和两种蝙蝠。只有约 80 种鸟的种类，陆地上多数鸟类统称为加拉帕戈斯地雀的鸣禽类。

1. 雀科鸟类

雀科鸟类是古老品系的后代，它们从南美洲偶然飞抵到这里。并在整个岛上找到了许多闲置的适于栖息的生态环境，从而进化成在体形大小、鸟喙形状、羽毛颜色、声音、饮食和行为等方面各有不同的13个鸟类品种。不同品种的鸟，其嘴部的差异性就是这种适应性的最好证明。有些鸟具有典型的食籽喙，另一些鸟则长有一种长而尖的嘴，主要以仙人掌植物为食，还有一些鸟拥有一个小乳头状的鸟喙以昆虫为主食。啄木鸟不仅长有一个专门的喙，而且还形成一种复杂的行为模式，包括用仙人掌刺去捕获裂缝中的幼虫。

2. 巨龟

※ 陆龟

陆龟在民间传说中象征缓慢、坚定和长寿。它们仅以植物为食，且只生活在陆地，背甲高而呈圆盖形，后肢粗大，形如象腿，前肢覆以硬鳞是它们主要特征。陆生龟类中最大的一种即为象龟，以腿粗像象脚而得其名。著名的巨型陆龟（又称“象龟”），在加拉帕戈斯群岛中有成千上万的数量，它们身长多在1米以上，成熟的龟体体重约180千克，最重的体重可达250千克。寿命最长的可达400年。这里的巨龟，即便是同一种类，因其生存岛屿的不同，甲壳的形状各有差异。

3. 海鬣蜥

闻名遐迩的史前爬虫类动物鬣蜥（亦称“海鬣蜥”）也生活在加拉帕戈斯群岛上，它们仅以海草为食，可以潜入海水中捕捉食物，由于经常在冰冷的海水中寻找食物，它们对阳光的依赖性很强。自身深色的皮肤有助于它们吸收热量。由于其在陆地上行动缓慢，所面临的危险性较大，为此它们经常摆出一副虚张声势的样子，用以隐藏这一弱点。加拉帕戈斯群岛的鬣蜥共有7个种类，每种都各有特点，且显示出与其他种类的明显不同。其中陆生鬣蜥在6个岛屿上均有一种，为加拉帕戈斯群岛特有鬣蜥。这种地球上惟一尚存的海鬣蜥可以在海底爬行，并且可以通过发育不完全的蹼适应了海上生活方式。

世界上惟一能在海洋里生活的蜥蜴就是加拉帕戈斯群岛海鬣蜥，在它的鼻孔与眼睛之间，有一个能把海鬣蜥进食时带进的盐分储存起来盐腺，当盐腺被装满后，海鬣蜥就会高高地把头昂起，打一个强劲的喷嚏，含盐的液体就随即被射向空中，但又会落在它自己头上，等盐液变干固结成壳时，就成了一层“小白帽”。除“小白帽”外，鬣蜥还具有一些有趣的生理特点。如这种爬行动物能自动调节心律。下潜时，心律减慢，等升到水面时，心律又会加快。在预感到鲨鱼即将来临时，它们能立即停止心跳，使敌人不易发现它们。经科学家们试验得出：一只海鬣蜥停止心脏跳动时间竟长达 45 分钟之久。

※ 海鬣蜥

4. 海狗海狮

加拉帕戈斯群岛的特有物种还有海狗、海狮两种海生动物，它们于加拉帕戈斯群岛附近的水域中被发现。海狗喜欢在夜间活动，而海狮的活动时间则在白天。

※ 海狮

◎岛屿特点

※ 鸬鹚

伊莎贝拉岛是一个火山岛，面积 5825 平方千米，是加拉帕戈斯群岛中最大的岛屿，它屹立在全岛中央的五个火山口，其中两个仍然处于活动中，在火山口与沿海沙质地带之间是覆盖着林木、藤本植物和兰花的丘陵地带。

加拉帕戈斯群岛居民主要是厄瓜多尔人，常住人口约 2 万，主要分布在圣克里斯托瓦尔、圣玛利亚、伊莎贝拉和圣克鲁斯岛上，而有些岛屿上没有人迹。岛上的主要经济活动是观光、捕鱼和农业。另外有鲈鱼、咖啡和牛可供出口。

自该岛被厄瓜多尔政府辟为国家公园后，由公园管理部门负责岛上的管理和生态保护工作。其生态保护制度非常严格，若没有持证导游陪同，游客不得入内。这里严禁游客擅自行动、自行游览。野游也非常危险，林区内干燥且难以通行，岛上淡水匮乏，如果游客一旦迷路就意味着死神临近了。岛上划出有 30 个登陆上岸的地方，还为游客开辟有专门小道。

知识链接

加拉帕戈斯群岛因为长期与世隔绝，致使这里的动植物自行生长发育，从而形成了它们独有的特点，也造就了岛上独特而完整的生态系统。最初是由鸟或海船偶尔地把南美大陆的植物种子带到岛上，它们在此落地生根，适应新环境而生息繁衍。岛上有罕见的花草树木、飞禽走兽。岛上共有 800 多种植物，其中约 300 种是群岛特产。有 58 种鸟类，且 28 种举世无双，还有全部是独一无二物种的 24 种爬行动物。在这里，游人既能看到寒带的企鹅又能看到热带的大蜥蜴，另有许多物种更是举世难觅其二。

拓展思考

1. 加拉帕戈斯群岛的地貌特点？
2. 加拉帕戈斯群岛对动物学的研究意义体现在哪些方面？

巴西：潘塔努自然保护区

Ba Xi：Pan Ta Nu Zi Ran Bao Hu Qu

※ 潘塔努自然保护区

潘塔努自然保护区占地总面积为187818公顷，是世界上最大的淡水湿地生态保护系统之一，该保护区由四部分组成，海拔高度在80～900米之间，其中最高的是阿莫拉尔山脉。潘塔努坐落于马托格罗索州（巴西的中西部）的西南角。整个潘塔努地区一直延伸到邻国玻利维亚和巴拉圭，但80%的领土依然位于巴西境内。潘塔努是一片一望无际的冲积平原，在地形上是一个相对较平坦的风景区，只有沿着由南至北和由西至东的方向上有少许弯曲。跨越14万平方千米的土地。整个风景区中涵盖着各种各样的生态亚区，如河道走廊、林场、常年存在着的湿地和湖泊、季节性的泛滥平原和陆生森林。四周为山脉和平原所环绕。

潘塔努自然保护区是潘塔努地区最重要的鱼类资源保护带，保护区内有许多世界濒危物种。由于潘塔努自然保护区是干季离潘塔努地区惟一一块水源丰富的土地，因此，这里是动植物赖以生存的避难天堂。

◎中西部水乡

潘塔纳尔坐落在巴西中西部地区的马托格罗索州境内，这里人烟稀少，到处是一望无际的沼泽和草原。其中有一处名为潘塔纳尔（葡萄牙语中“潘塔纳尔”就是宽阔的沼泽的意思）的宽阔沼泽地，它从巴西境内一直延伸到玻利维亚和巴拉圭，面积达18万平方千米，长600千米，宽

300千米，是南美著名水乡。巴拉圭河上源之一和亚马孙河一大支流马代腊河的上源之一瓜波雷河，就发源于这块沼泽地附近。

※ 潘塔纳尔沼泽地

该地区广漠而坦荡，气候干湿季分明，干季为每年5月至12月，雨季为12月至次年4月。雨季时常常暴雨倾盆，河水猛涨。洪水时期举目汪洋，舟船遍野。“常年不断的地壳运动，造成了许多大面积的凹陷，之后周围较高陆地的土壤流失物又冲淤于此”是著名的布鲁玛教授谈及该地理情况时的描述。

◎浸水林地

潘塔纳尔特殊的地貌和气候，使该地区形成了许多奇异的景观。该区植被与亚马孙低地及亚马孙河口的马拉若岛相似，在河漫滩上形成“浸水林地”的特有景观：树木稀疏且形状怪异，树枝瘦而曲弯，树叶薄而纤小。河谷里多草地和灌木，生长着一种多年生草本植物蛇菊；水面上是浓密的水生植物群落，尤以水葫芦最引人注目。

马黛茶是潘塔纳尔盛产的一种开胃的灌木叶子，色深绿，味苦，当地人把它采摘后放在一个形似葫芦的器皿中，这个器皿在当地叫“马黛”，闻名遐迩的马黛茶就是由此得名。这种茶不仅独有风味，且对健康十分有益。潘塔纳尔还产一种坚木树，木质坚硬耐腐蚀，不透水，不怕虫蛀，富含单宁，用坚木树酿成的饮料治肺病具有奇效，对各种心神不适症也有很好的疗效。

◎珍鸟异兽

该地区也是巴西国内一个十分奇特的地区。过去这里鳄鱼遍地，在鳄鱼被大量捕杀后，凶恶的剪刀鱼又开始横行无忌。1981年，巴西政府在颁布法令建立潘塔纳尔自然保护区时，曾作了三点说明：第一，这里生态系统十分脆弱。第二，这里是南北美洲独一无二的动植物集中地。第三，必须有效控制非法狩猎和兽皮走私。

潘塔纳尔是动物聚居繁衍的乐园，尤以鸟类居多，巴西地理学家奥斯瓦多·华维德曾说："这是个爱鸟者的天堂。"在这里游人可以观赏到多种珍鸟异兽：白色朱鹭、白鹭、蓝苍鹭、鸭、绿色小鹦鹉、雉以及气宇轩昂与人等高的水塘鸟、体态优雅呈红蔷薇色的蓖路。珍禽巨嘴鸟，嘴长可达17～24厘米，宽9厘米，它进食的方法堪称一绝：先用嘴尖啄烂食物，然后把食物抛至空中，再张大嘴巴等食物落下吞食。这里最大的鸟是美洲鸵鸟，在巴西其他地方这种鸟早已绝迹。被当地人称之为犰狳鸡的犰狳，是美味的食物。树懒蓬松的毛居然能长出绿色的藻类植物，凭借这种独有的伪装蒙蔽猛兽。貘的外形似驴，耳朵又像骡，嘴却如小牛犊，它的肠结石和硬皮都是值钱的宝贝。奇怪的是当地瓜拉尼人把天上的银河称为"貘之路"。此外，还有黑猩猩、金钱豹、帕尔达豹、美洲虎、猴子、水獭、鹿等。

※ 白色朱鹭

知识链接

潘塔努自然保护区内生存着丰富的动植物群。它之所以使许多濒危动物都聚集此地，是因为该保护区位于水源较为丰富的地区，同时也是世界上最大的淡水湿地生态系统之一。游人可以在该保护区内看到各种各样的珍鸟异兽，从中感受大自然的神奇魅力。

拓展思考

1. 潘塔努自然保护区为什么被称为"爱鸟者的天堂"？
2. 潘塔努自然保护区中有哪些自然景观？

阿根廷：冰川国家公园

A Gen Ting：Bing Chuan Guo Jia Gong Yuan

※ 冰川国家公园

建于 1910 年的冰川国家公园位于美国蒙大拿州北部，与加拿大的英属哥伦比亚省和亚伯达省接壤，占地面积 4100 平方千米，原属布莱福特部族的印第安保留地的一部分。地理上该公园位于落基山脉北部。著名的“三分点”就在该公园内，既各分水岭的交会点：三分点以东的降雨最终会经墨西哥湾流入大西洋，以西的降雨最终会流入太平洋，而以北的降雨最终会经哈德逊湾流入北冰洋。由于温室效应，公园里冰川的面积正大幅度缩小中，过去的大冰川变为今日的小冰川，过去的小冰川已消失掉了。待到冰川退缩后，许许多多美丽的山川、湖泊、瀑布等都尽显出来，风景从大到小都变化万千，十分精致迷人。

落基山脉又有“北美大陆分水岭”之称，它从北到南贯穿冰川国家公园中心。因该地区内有 50 余条冰川，故称其名为冰川国家公园。这些冰川都是由降落在高山上的大量积雪在重力作用下，凝为沿地面运动的巨大冰体形成的，其特征为陡峭的纵壁，有棱有角的外形。

◎山峰

布莱福特冰川是冰川国家公园中最大的冰川，该冰川位于海拔 2440 米的杰克逊山和布莱福特山北坡，占地面积约为 4.8 平方千米。南坡有哈里森冰川和庞普里冰川覆盖其上。美如画卷的山峰也是该地闻名的原因之一。克利夫兰山位于公园北部 3000 多米高处，为最高峰。另外金特拉峰、西耶山和斯廷森峰等也是公园中超过 3000 米的山峰。该区山脊像一把把利刃，那被冰河剥蚀得像金字塔似的峰峦，覆盖着皑皑白雪，显得分外妖娆。地压使山峰上的岩石扭曲、折裂和使它们倾斜，形成一幅难以置信的叠层岩几何图形。每一岩层构成了一座平台，往往不足 1 米厚，雪花积储其上，把整个山峰点缀成了黑白相间的条绒模样。

※ 克利夫兰山

每当冰雪消融的时候，环绕山峰的陡峭山谷会呈现出优美的曲线，谷中溪流自几十米高处飞流直下，有的水花四溅，被风吹散，不知所往。有的溪底倾斜，宛若地震之后被扭得曲曲弯弯的楼梯，溪水便沿着这倾斜的岩层，逐级而下，形成 250 多处大小不同的湖泊。其中最美的要数长 16 千米、四周被群山环抱的圣玛丽湖。最大的湖泊是马克唐纳湖，长约 18 千米，平均宽度 2.5 千米。坐落在一处风景绝美的地区中心急流湖是最小湖泊之一。长仅 0.8 千米的冰山湖位于 1830 米高、在炎天溽暑仍雪飘冰封的高山之上，如一座天然圆形剧场的阿瓦兰切盆地，山势雄奇险绝，四周陡壁高 610 米，背景天幕上悬瀑如练，红色西洋杉点缀山色更显俏丽，山泉的鸣声使四周愈显清幽，为公园著名一景。

◎景点

※ 阿根廷湖

奔向太阳之路沿线是冰川国家公园最有名的景点，它包括了麦当劳湖地区、罗根山隘地区以及圣玛莉湖地区，其次是众冰川地区，游客被众多冰川环绕。

冰川国家公园里的冰川有 4 千米长，大约 46 米高。还有崎岖高耸的山脉和许多冰湖，其中包括长约 161 千米的阿根廷湖。在湖的远端三条冰河汇合处，冰水随势倾泻而下，像乳灰色的小圆屋顶一样巨大的流冰带着雷鸣般的轰

响冲入湖中。公园管理处分别提供了两条不同的冰川观赏路径，一条是用巨大的吊车把游客载至高达 300 米的高处，此时，巨大的冰川仿佛近在眼前，冰川的前部陡峭得令人难以置信，一些冰山从游人身边飘浮而过，冰川内部因承受巨大的压力而出现了许多的断裂。第二条从一条朝向冰川前进的方向的绝壁上过去，公园的服务机构在这一地区设置了几条人行道，以便游人可以在不同的地点领略到不同部分的壮美景观，远处望去，整个冰川呈现出深蓝色调。游人可以观测到冰川底部的风景，还可以尽可能的靠近冰川的正面。

※ 巴塔哥尼亚冰原

地球上除南极大陆以外最大的一片冰雪覆盖的陆地为巴塔哥尼亚冰原，阿根廷冰川国家公园内共有 47 条冰川发源于巴塔哥尼亚冰原，而公园所在的阿根廷湖接纳了来自周围几十条冰川的冰流和冰块，其中的莫雷诺冰川最著名，因为它是世界上少有的仍然“存活着”的冰川，这里每天都可以看到冰崩的奇观。1945 年，阿根廷将此地列为国家公园加以保护。1981 年被列入联合国世界自然遗产名录。

▶知识链接

冰川国家公园的气候属巴塔哥尼亚型的干燥气候，长期干旱少雨，只在冬季下雨，并带有强劲的西风。该地区夏季平均最高气温为 19℃，在冬季的平均最低气温为 1℃～5℃。由于受来自西边的干燥风的影响，以及地处广阔的平原，卡拉法特的年平均降雨量达到 300 毫米。

拓展思考

1. 由于温室效应的影响，冰川正在逐渐融化，你对此怎么看？
2. 生活在冰川国家公园中的动物有哪些？

秘鲁：马努国家公园

Mi Lu: Ma Nu Guo Jia Gong Yuan

马努国家公园占地面积18130平方千米，位于秘鲁东南部的马德雷德迪奥斯省，是世界上最大的热带雨林保护区之一。1987年，联合国教科文组织将其作为自然遗产，列入《世界遗产名录》。

该公园海拔从150米到4200米不等，地貌崎岖，亚马孙河从公园中穿过。园内植被繁盛，属典型的安第斯和亚马孙地区生态系统。有赤道潮湿的常青树林，林中生长着各种附生植物，如以落叶树为主的密林和多种藤本植物、苔藓等。旱生灌木多生长于山地草原，高山草地有矮草和低矮灌木丛。各种小哺乳动物和鸟类栖息在安第斯和亚马孙地区生态系统的山林间。

◎动物种类

※ 马努国家公园的美洲豹

卷尾猴在马努国家公园较为长见且数量繁多，它们体长一般在48～50厘米之间，而尾巴却长50多厘米。因生活习性特别，卷尾猴又有很多别名，因其常利用长尾将自己倒挂在树枝上，被人们称为“悬猴”；又因为它的叫声很像人伤心之人的哭泣，又有“泣猴”之称；至于“愁猴”这个称呼则来源于它面部有许多皱纹，目光深沉，又总喜欢长时间、一动不动地待在一处；有时，人们因它头顶和额部的毛像戴着一顶绒帽，又叫它“帽猴”。虽然卷尾猴只产于中美洲和南美洲，但因其性情温顺，且较容易驯养，所以在很多国家的动物园都有饲养。此外，公园里还有美洲狮等猛兽。马努河里的南美洲特有的动物数量极少的大水獭，最大的长 2 米多，重 30 千克。因其特有且数量稀少，已被列为世界上最濒危的 23 种哺乳动物之一。

※ 卷尾猴

现今，全世界鸟类已知的有近1万种，而生长在马努国家公园内的鸟类约占全世界鸟类总数的10%以上。在公园内茂密的森林中，栖息着种类繁多的鹦鹉，它们颜色多样，五光十色。常常飞到果树上啄食果子，或者隐匿在公园深处啄食含盐的泥土。初来此地的游人，看到鸟儿吃泥会感到十分惊奇，其实它们也同人类一样，需要用盐分来补充身体，吃泥有助于它们的生长。当人们乘小舟缓缓而行时，可以看到粉红色的琵鹭、艳丽的成双成对的奥里诺科野鸭在水中游荡和嬉戏。若是来到河滩上，游人可以看到，这里栖息着大群的沙色夜莺，它们有着与环境十分相似的体色。

马努河地区分布着约 200 个 V 字形湖。这些湖都是在河床发生变化时由淤泥沉积而形成的。湖是极好的生态系统，湖里蕴藏着大量的鱼类，如各种水虎鱼、淡水石首鱼和一些鲤状鱼。这些鱼又成为食鱼鸟的美味佳肴，吸引了成群的食鱼鸟，据调查这些鸟共有 23 种，包括鹭、撇水鸟、燕鸥、翠鸟、南美鹦鹉和鸭状水鸟等。多数鸟类是限定在一个单一的小环境内活动的，如竹丛内总是固定的 10 余种鸟类的天堂。也有些鸟类的活动范围较大，如一些濒危的鸟，它们可以在一个早上飞越 16 千米以上路程，只为到丰富、成熟的果子树上去寻求食物。一些独特的鸟类集中栖息地，是鸟类观察家的理想之地。一个有经验的鸟类观察队，一天可以目睹 300 种或更多的鸟类，并将它们的大致活动情况记录下来。

在马努国家公园内，人们可以在 V 字形湖中看到珍稀的侧颈龟。侧颈龟是一类古老的龟种，由原始两栖龟演化而来，在约 1.37 亿年到 0.67 亿年前的白垩纪，它们就已经出现在地球上。如今仅在南美洲、非洲和大洋洲有现存种类的分布。侧颈龟因其头和颈不能从前端直接缩入龟壳内，只能从侧面弯曲缩回背甲之中，因而得名。侧颈龟比较喜欢晒太阳，常常数十只一起爬在一棵倒斜在水面的树干上，当发现有人接近时，它们会伸长颈脖瞧着对方。如果人们也爬到这棵树干上，它们就“扑通扑通”竞相跳下水去，免得人们去伤害它们。现今，在马努河及V字形湖中又有许多宽吻鳄出现。由于鳄皮具有很高的经济价值，曾经在马努国家建立公园前，宽吻鳄几乎已被人们杀尽。由此，深刻地说明了，这种珍稀动物是在实行保护后才兴旺起来的。夜晚，乘着独木舟在V字形湖边巡航，便可以看到大小不一的红色闪光点，这些都是大大小小宽吻鳄的眼睛，只需计算一下红色光点的数目和大小，便可得出宽吻鳄的条数及它们的个头。这里的大多数宽吻鳄仅有60厘米左右，但最大的宽吻鳄体长也可达5.4米。

※ 侧颈龟

知识链接

在马努国家公园中，有200多种哺乳动物已经得到了识别。公园内有13种猴子、约100种蝙蝠类，另外还有至少有13种全球已知的濒危动物，包括黑凯门鳄、巨型水獭和虎猫。除此之外，还有各种各样的鱼类、两栖动物和无脊椎动物。据不完全估计，公园内至少有50万种节肢动物。

至少有四个不同的民族部落长期居住在此，其中最著名的是以阿拉瓦克民族中的马奇根家族部落。这些种族已被视为公园的一个天然组成部分，他们可以随心所欲在公园中活动，且其生活方式对公园不会造成任何伤害。该地居民主要的农业耕作方式是移植栽培。

拓展思考

1. 马努国家公园有哪些事物给你的印象最为深刻？
2. 关于马努国家公园，你还了解哪些？

巴拿马：达连国家公园

Ba Na Ma：Da Lian Guo Jia Gong Yuan

达连国家公园占地面积为 5970 平方千米，海拔高度介于海平面与 1875 米之间。公园位于巴拿马达连省东部与哥伦比亚交界处，是南美洲与北美洲之间相互连接的桥梁。1981 年被列入世界遗产目录。

达连国家公园地理位置的特别之处，主要在于它是沟通中美洲与南美洲之间的陆地桥。公园的某些地方低于海平面，是在更新世早期经常会发生的情况。公园的东部基本上是覆盖着新生代沉积岩的火山地带。呈东北至东南方向的地槽是该公园的主要地貌特征，其周围环绕着抬升的褶皱和高高耸立的山脉。内陆河流如丘库纳克河和图伊拉河受来自太平洋潮汐的影响，其影响程度可达数千千米。在靠近大西洋这一侧，年均降水量范围在 2500～3500 毫米之间变化，而公园中部地区及接近于太平洋的地区，年均降水量变化范围则在 1800～2500 毫米之间。

◎主要物种

在达连国家公园中，你可以感受不一样的美好景观。当你驻足在沙滩与岩石海岸之间时，可以尽情领略海风徐来、白浪拍岸、烟波浩淼的大海景色，而当你步入公园的热带丛林时，不仅可以尽情欣赏到大自然的丛林美景，还可以观赏到大批珍贵的野生动物。

※ 云杉

虽然达连国家公园是美洲热带地区类型最多的丛林，但热带雨林占其主要地位。这里气候舒适宜人，十分适合动植物生长，植物类型众多，树木参天耸立，平均高度达 40 米，密度为每公顷 30～180 株。格外引人瞩目的是一种名为库依波的巨树，这在巴拿马及哥伦比亚北部地区都极为罕见。舒适的气候特征，加之独特的景观，令无数热爱旅游、爱好探险的人士向往不已。

达连国家公园仿佛在新世界的两个陆地间形成一座桥。它提供给人类一种特别的变化多姿的场所，如沙滩，岩石海岸，红树，沼泽和洼地以及地面的热带丛林，其间生长着奇异的野生植物。另外，公园里还居住着两个印地安部落。

知识链接

达连国家公园山前和山区的森林出现于200米以上的地区，这里不仅树木高大茂盛，其中还有几种在植物学上津津乐道的生态系统类型，如云杉。当地对动物的研究还较为肤浅。哺乳动物有灌木狗、大型食蚁动物、虎猫、美洲虎、嚎猴、水豚、夜猴、头部呈褐色的蜘蛛猴等。许多濒临灭绝的动物如美洲豹、红猴、貘，以及中美洲凯门鳄和美洲鳄也时常出没在公园中。园内的许多动物在世界上堪称罕见。

拓展思考

1. 简要说明达连国家公园的地形特征？
2. 列举达连国家公园的主要物种。

厄瓜多尔：桑盖国家公园

E Gua Duo Er：Sang Gai Guo Jia Gang Yuan

桑盖国家公园占地面积约 2720 平方千米，位于厄瓜多尔中部莫罗纳—圣地亚哥、钦博拉索和通古拉瓦三省交界处。公园内有世界上著名的活火山——桑盖火山。桑盖火山海拔高度为 5410 米，山势险峻，山顶终年白雪皑皑。近 4000 米的山顶山麓高度差，使这里形成了厄瓜多尔所独有的景观。由于整个公园地处赤道附近，所以阳光照射充足。因其各处海拔高度的不同，而呈现出不同的生态景象。

由于该地区拥有火山灰堆积而成了极为肥沃的土壤，这些土壤又充分满足了植物的养分需求，所以这里植被茂盛，树木高大挺拔。植物除坚硬的木本植物外还有苔藓、地衣、带有圆球茎和鸡冠状叶子的菊科植物等。

云遮雾绕多发生在海拔 2000～3000 米处，在海拔 3000 米处的地带，

※ 松鼠猴

森林密布，雨雾较多，这里是许多南美稀有动物的栖息之所。在海拔 800 米的亚马逊低地热带雨林里生活着各种各样的鸟，有蜂鸟、巨嘴鸟，还有以体长达 1 米、羽毛鲜艳的金刚鹦鹉为代表的 40 多种鹦鹉。此外，该地还生活着一种安第斯岩鸟。这种鸟的喙非常尖硬，完全隐藏在头部的羽毛里。因其鸟冠呈半圆形且颜色鲜红欲滴，素有“密林里的红宝石”的美称。也时常会出现秃鹰等猛禽，它们伺机猎杀夜鼠和兔子为食。

在桑盖国家公园中还生活着许多珍稀的动物，如哺乳类有卷尾猴、褐蜘蛛猴、松鼠猴，还有尖叫声能传到几千米以外的红吼猴。哺乳类动物中的眼镜熊，是南美大陆惟一的熊科动物。眼镜熊以食草为生，在树上筑巢，其直立时身高可超过 2 米。啮齿类有斑鼠、水豚等。鱼类有长着锋利牙齿的锯齿鱼等。

知识链接

桑盖国家公园中的独特自然景观与两座活火山的壮观景象共同为人类展现出了一个完整的生态系统范围。从热带雨林延伸至冰川，以及覆盖着冰雪的山峰和葱绿的平原森林，都形成鲜明的对照，这种特有的孤立的环境为保护当地的动物物种提供了很好的保障。

拓展思考

1. 桑盖国家公园内有哪些特殊的小动物？
2. 桑盖国家公园的气候有哪些特点？

世界自然遗产之北美洲

第五章

SHIJIEZIRANYICHANZHIBEIMEIZHOU

在世界七大洲中，南美洲与北美洲具有相似的名字，而且都以巴拿马运河相邻，如同一对孪生兄弟。北美洲东滨大西洋，西临太平洋，北濒北冰洋。北美洲地区的国家都有哪些自然遗产呢，请看本章详细介绍。

古巴：德桑巴尔科国家公园

Gu Ba：De Sang Ba Er Ke Guo Jia Gong Yuan

德桑巴尔科国家公园包括 261．8 平方千米的陆地面积，63．96 平方千米的海洋领域以及 92．87 平方千米的陆地周边地区。它位于古巴的格朗玛省，距圣地亚哥西部 154 千米处。1986 年，将格朗玛的德桑巴尔科命名为国家公园。

※ 德桑巴尔科国家公园

◎地质构造

这块被命名为世界遗产的遗址，该地区气候干燥，降水量浮动在 700～1200 毫米之间。包含有世界石灰石中最大的、保存最好的海洋阶地（包括海面上和海面下）系统上最为奇特的海岸风光，该系统位于马埃斯特拉地区的假穹状构造中，从海面上 360 米一直延伸到海面下 180 米，形成了一系列抬升了的石灰石海洋阶地。而它的命名区域位于加勒比海和北美大陆之间的地质构造活跃区。

◎生物资源

据不完全统计，在该世界遗产区域内，共有植物 512 种，其中本地所特有的占 60%。该区被认为是古巴开花植物的最重要的中心之一。除此之外，在地质公园中还包括 13 种哺乳动物、110 种鸟类、44 种爬行动物和 7 种两栖动物。这些动物中间至少有 23%的哺乳动物、22.7%的鸟类、90.9%的爬行动物以及 85.7%的两栖动物都是本地特有的。

▶知识链接

对考古学家来说，格朗玛的德桑巴尔科公园独有的特点是具有非常重要的考古价值，在该地区内存在具有泰纳文化的原始定居方式。当地居民在跟这个群组有关的遗传和精神方面的联系很大。埃尔瓜特考古遗址中不仅包括一组举办仪式用的窑洞，还有着保存完好的 19 世纪的灯塔。这些对于考古学的研究，具有很大的意义。另外该公园还有古巴最早建立的建筑和格朗玛的德桑巴尔科国家公园两个说明性的遗迹，其中前者保护区为更好的为参观者服务，全体人员都经过培训。而后者格朗玛的德桑巴尔科国家公园基本上很少接待旅客，每年来参观这个公园的旅游者大体上不超过 1000 人。

拓展思考

1. 德桑巴尔科公园的地质构造有什么特点？
2. 德桑巴尔科公园中主要有哪些动植物？

加拿大：纳汉尼国家公园

Jia Na Da: Na Han Ni Guo Jia Gong Yuan

※ 纳汉尼国家公园

纳汉尼国家公园占地面积 4770 平方千米，位于加拿大西北地区的辛普森堡附近。该公园以其河流湍急、峡谷幽深以及石柱天工巧成和苔原覆盖满山巅而闻名于世：塔式的峰峦；冻土地带、沼泽地和沙丘，贫瘠的土地以及丰富的森林资源；灰熊和鸣叫的天鹅；神秘莫测的温泉和形态各异的山洞。山洞中有的挂着冰挂，有的则挂着石笋或钟乳石。每年夏季来临时，韦吉尼亚瀑布附近由溶冰凿开的土坑内野兰花争奇斗艳；冬季，气温常可降至零下 50°，此地又顿时变为一个冰的世界，是冰火交织、景观反差极为强烈的地区。无愧被列为联合国教科文组织指定的人类自然遗产之一。

“这个公园位于纳汉尼河流域，那是北美洲最壮观的河流之一。公园里有很深的峡谷，大瀑布和独特的石灰岩洞穴系统。这个公园也是北部山区森林里动物的乐土，如山羊，野大白羊，狼、灰熊和北美驯鹿。”是世界遗产委员会对该公园的评价。

除天然而成的自然景观外，与之有关的神秘传说和“只可远观不可亵玩”的高洁品质，也为纳汉尼国家公园增添了无穷魅力。该区内有因为长年累月的河水不断冲击而形成的长达 290 千米的峡谷。峡谷之前有大瀑布，峡谷中有主要断崖 3 处，深达 1300 米，最长的峡谷段长可达 19 千米。巨大的普鲁比特岩位于两个峡谷之间，因其矗立在河流直角转弯处，普鲁比特岩便被人们称为“大门”。

◎地质构造

由于纳汉尼国家公园成立的时间较晚，所以此处观光的游人只能从空中和水上领略该山地的魅力。不过与世隔绝的特点使其免遭垦殖者的破坏，有助于更好地保持原有风貌。该公园最具魅力要数纳汉尼河和弗拉特河两大奇观。比著名的尼亚加拉大瀑布还高出一倍的韦吉尼亚瀑布，是南纳汉尼河上最大的瀑布，其河水陡落 98 米，飞流直下，水雾弥漫，形成面积近 2 万平方米的巨瀑。其中，水凿的洞窟、高出水面数百米弯曲的古河道以及坐落在岩石上不受侵蚀的玲珑纤巧的土柱——“仙女壁炉”都是不可多得的地质奇观，这也是该公园的地质构造非常引人注目的原因所在。园区地下河流纵横交错、密若蛛网。钟乳石和石笋洞窟数量众多，其中的羊廊掩藏有死于几千年前的大批绵羊。所有这些交织在一起成为地形复杂、地貌多变的一幅大自然杰作。到 2000 年为止，在该区已经发现有钨、铜、铅、锌，还有大理石、花岗石和金刚石等丰富的矿藏。

※ 钟乳石

含硫量很高的温泉主要分布在南纳汉尼河下游沿岸。除温泉外，下游还有很多大大小小的灰岩坑组成的湖泊，深达二、三十米。在高山上经常可以看到动作敏捷的多尔羊和山羊。在高原和坡地上的森林中，也会有灰熊和灰狼出没其中，加拿大驯鹿也在这里时隐时现。若游人乘独木舟览胜，还常可看到加拿大麋和海狸。此外，公园里还有包括珍贵的濒临绝种的游隼和金鹰等近 200 种禽鸟。纳汉尼国家公园为包括鸟类在内的众多珍奇动物提供了良好的生活环境。

◎地理环境

纳汉尼国家公园是一片非常广阔的未开发之地，这里没有道路，也没有人群。完全是一个具有原生态的、未经过人工改变的公园。公园内飞奔的河流穿越麦肯齐山峡谷，这里的峡谷仍旧保持着其险峻和陡峭的风采，主要得益于该处没有锋利冰块的摩擦。在这片遥远而神秘的土地上，郁郁翠谷掩映在皑皑雪峰之间，荒野带给人一种神秘莫测的感觉。在这里可乘坐汽艇在流速为每小时 28 千米的激流中，从纳汉尼比尤特逆流而上，行驶 210 千米至弗吉尼亚瀑布，领略纳汉尼河的瑰丽风光。纳汉尼河水分有两股，形成弗吉尼亚瀑布。瀑布从 90 米高处冲入地狱之门，水声震天，如双龙怒吼。此外，这里还有死人谷、无头岭、送葬山和不归之谷等风景，而这每一处风景都有一个属于它们自己的传奇故事。

远离尘嚣的纳汉尼河，面积辽阔，造就了河流两岸的壮丽风光、宏伟的峡谷地貌和飞流直下的瀑布景观。多山的纳汉尼河流域面积足有苏格兰的一半。20 世纪初淘金者深入内陆时带来不祥传言，令该地更为人迹罕至。如今的纳汉尼河和附近的地区，已受到加拿大政府和联合国科教文组织的保护，只允许小船和轻型飞机进入该地。

一份来自国际野生动物保护协会的研究报告显示：纳汉尼国家公园对于保护野生生物来说面积过小。纽约国际野生生物保护协会称：一项为期四年的研究表明该公园无法继续供养原始数量的大灰熊、北美产驯鹿以及野大白羊。一位名叫乔尼·威尔的作者在其报告中指出：该公园需要扩建到包括整个南纳汉尼河分水岭及其相邻的纳汉尼石灰岩地区在内的地区，这样，公园面积就会从目前约 8029 平方千米的规模扩展为约 59570 平方千米的面积。对于容纳大灰熊、北美产驯鹿以及野大白羊来说，公园狭窄的范围太小了，而这些动物需要比目前公园所能提供的更大的范围进行活动。除非范围被扩大，否则这些物种就有可能由于生存压力而数量减少。

知识链接

美国是国家公园的概念最初发源地，它的主要含义是“政府通过保护政策保护起来的一个大公园，即某地区内的所有的一切都处于原生状态，体现着原始自然之美”。这之后，国家公园这个概念被全世界许多国家所使用，尽管各自的确切含义不尽相同，但基本意思都是指自然保护区的一种形式。

拓展思考

纳汉尼国家公园有许多神秘、险峻的景观，许多野生生物的专家认为该公园面积过小而不利于动物的生存而建议扩改，你认为扩建后会对那些独特的自然景观造成影响吗？你对此有什么好的建议？

加拿大：伍德布法罗国家公园

Jia Na Da：Wu De Bu Fa Luo Guo Jia Gong Yuan

伍德布法罗国家公园占地面积约为44807平方千米，位于加拿大中北部的平原上，地处北纬60°附近。公园是美洲鹤的天然巢穴，同时也是北美数量最多的野牛的栖息之地。公园内广阔的草原，是美洲野牛的乐园，生活在这里的美洲野牛，数量居世界第一位。在公园内人们随处可以看到广阔的大草原、森林、湿地、盐沼，以及不多见的内陆大三角洲。世界上最大的内陆三角洲就是该公园内引人入胜的景点，该内陆三角洲位于皮斯河和阿萨巴斯卡河之间。作为自然遗产，伍德布法罗国家公园于1983年被联合国教科文组织列入《世界遗产名录》。

伍德布法罗国家公园冬天漫长且寒冷，每年冰雪融化期仅在6月～9月。因为已接近树木生长的北部极限，在该地区广泛分布着加拿大云杉、美洲黑云杉、美洲落叶松等针叶林。在近河流地区，生长着许多香脂白杨。

美洲熊是伍德布法罗国家公园中最大的动物，其体长可达2米。此外，这里还生活着狼、加拿大山猫、北极狐、美洲水貂、麝鼠和美洲河狸，以及北美特有的野生动物——加拿大豪猪等。鸟类在公园里多达227种，其中最为珍贵的要数北美洲白鹤，它们和亚洲的丹顶鹤是近亲，拥有雪白的羽毛、红色的面庞，亭亭玉立，美丽动人，不过已濒临灭绝。另外，猫头鹰、雷鸟、美洲小野鸭等也都是稀有鸟类。

作为加拿大最大的国家公园，伍德布法罗国家公园建于1922年，主体位于北勃里尔平原，把加拿大北部的广袤无垠体现得淋漓尽致。它包括了北部辽阔的森林及大草原，还有一些北美洲幸存的未受破坏的巨大草场和莎草牧场。这些水草肥美的地方给世界上最大的流动野牛群提供了良好的生活环境，如众所周知的水野牛。19世纪末，该公园最终成为那些躲避大屠杀的幸存野牛的家园，这些草原君主在大屠杀中从有6亿头的数量锐减到一个可怜的数目。现今，伍德布法罗国家公园保护了世界上最大的自由繁衍的牛群。据考古学家分析证明，自8000年以前当地的土著人就在该区居住，这与18世纪早期开始的皮毛贸易相比要早很多。欧洲人称其为“比夫尔”（意为水獭）、“斯拉夫里”（意为奴隶）。后来，因皮毛生意西移，当地土著离开了此地。现今，在公园周围的居民主要有克里族、奇佩维安族、麦提斯族和一些非当地居民。这些公园中的当地人至今仍以打鱼、狩猎为生，商业性捕猎由皮毛贸易引发，已沿续了几个世纪。当地文化传统的重要部分是当地居民对本地资源的使用。

河流为该公园增添了优雅的韵致。奔腾的皮斯河穿越其间，奴河与阿萨巴斯卡河构成了东部边界。世界上最大的内陆淡水河三角洲位于皮斯河与阿萨巴斯卡河所流入的阿萨巴斯卡湖地区。川流不息的河流与三角洲的潮湿地貌养育了数不尽的水禽，如鸭子、野鹅、天鹅、潜鸟等。皮斯一阿特巴斯卡三角洲和北美鹤的产卵和孵卵区，是国际自然保护组织认可伍德布法罗国家公园保护的两处具有世界重要地位的湿地。皮斯一阿特巴斯卡地区不仅是世界上最大的淡水三角洲之一，而且也是北美鸟儿主要的产卵区和涉禽的季节性迁栖地。一部分涉禽在此渡过春、秋两季。在公园的中北部，是濒危北美鹤的家园，它是由灌木、浅塘、河流和湖泊组成的脆弱的生态系统。

知识链接

美洲野牛体长约2.1～3.5米，寿命18～22年。成年美洲野牛的体重一般在450～1350千克，它属于偶蹄目、牛科。与欧洲野牛相比美洲野牛的躯体要更矮些，骨盆也更小些，牛毛却更长更密。

美洲野牛以草为食，多在早晨与傍晚觅食，其余时间休息，一般群居生活，栖息在草原上。虽然它们的嗅觉很好但视觉却很差。冬季它们会向南方迁移寻找食物更丰盛的地区，春季向北方迁徙。这些野牛喜欢土浴，它们经常在泥土中跋涉，把躯体在大石头和树干上磨蹭藉以除掉体外寄生虫。每年的7～9月是其配偶时间，雄性间进行争斗；5～6月间产仔，孕期约274天。仔兽与母兽一起生活到成熟，雌、雄兽及全群均保护幼兽。过去，有五六千万只美洲野牛生活在北美，遍布洛杉矶以东广大地区，主要在大平原地带。

拓展思考

1. 试从美洲野牛的生存环境分析伍德布法罗国家公园为什么适合野牛生活？

2. 列举伍德布法罗国家公园生活的主要物种。

哥斯达黎加：科科斯岛国家公园

Ge Si Da Li Jia：Ke Ke Si Dao Guo Jia Gong Yuan

科科斯岛是位于加勒比海中的一个小岛。它原是印第安人的居住地，自哥伦布于1502年9月18日发现这里后，沦为西班牙的殖民地。该岛于20世纪中叶才获得独立，如今属于哥斯达黎加领土。联合国教科文组织于1997年将其作为自然遗产，并列入《世界遗产名录》。

※ 科科斯岛国家公园

科科斯岛国家公园是热带东太平洋惟一拥有热带雨林的岛屿，它在距哥斯达黎加太平洋海岸550千米处，是最接近北赤道逆流接触的，又是该岛和周围海洋的生态系统的交互点，所以这个地区成为一个理想的研究生物进程的实验室。科科斯岛坐落在科库斯火山脉的中心位置，属海底3000米处的海底火山群出露于海面以上的惟一的一块巨大岩层。公园非常著名的是其水下世界，众多的潜水员都认为这里是世界上观看远洋生物的最好的地方，例如鲨鱼、鳐鱼、金枪鱼以及海豚。

国家公园和自然保护区的相关组织负责对科库斯岛的自然遗产的管理，有关部门的保护措施使许多哺乳动物、鸟类、爬行动物、两栖动物、淡水和咸水鱼类及大量珍稀植物免遭灭绝。除此之外，各种各样的自然环境也得到了哥斯达黎加当局很好的保护，如：落叶林、红树林沼泽、草本植物沼泽、湿地等。

科科斯岛内的降水量较为丰富，年降水量可达7000毫米左右。岛内植被浓密，四季长青。由于该岛地势崎岖，所以产生了许多瀑布，有的瀑布直接奔流入海的场面非常壮观。在曲折的海岸线上形成许多的陡崖，有的相对与水面的落差高达183米，还有许多迷宫似的地下暗洞。蔚蓝的海域里有大量的海洋生物生存着，鲨鱼在各处游来游去，大多数是锤头鲨和尖头鲨。

◎海底世界

著名的科科斯岛水下世界被公认为是世界上观看远洋生物最好的地方，在那里能看到鲨鱼、鳐鱼、金枪鱼以及海豚等各种海洋生物。岛上的珍稀动植物群也相当丰富，据统计资料显示岛内有 97 种鸟类、2 种濒于灭绝的爬行动物、57 种甲壳类动物、500 多种海洋软体动物、300 多种海水鱼、500 多种昆虫、5 种淡水鱼。这里的珊瑚礁更是色彩斑斓，五彩缤纷，其珊瑚礁由 18 种珊瑚虫生成，与印度洋的珊瑚礁品种组成相似。

1978 年，哥斯达黎加政府作出了“为了保护科科斯岛的生态环境，决定封闭该岛，严禁任何人挖掘!”的决定。

为什么哥斯达黎加政府要封闭该岛？岛上的生态环境与“严禁让任何人挖掘”又有什么关联呢？

这主要是因为，早在 17 世纪和 18 世纪，该小岛就因曾经是猖獗于南美洲太平洋沿岸一带海盗的老巢和最重要的据点而名扬四海。十年后，在一张有关这个小岛的木刻画中，它被描绘为海盗的武器库和仓库。这之后，小岛不仅被海盗们用做是劫掠太平洋中西班牙人满载黄金的大帆船的

※ 海豚

最佳出发地，并且也把它当作供给后勤的基地。这样，科科斯岛就理所当然地被认为是世界上海盗埋藏珍宝最多的地方。在寻宝者的眼里也叫“宝藏岛”。如此看来，哥斯达黎加政府作出的这项决定，主要是针对有关这些海盗们隐藏的宝藏。

知识拓展

虽然，在很早以前科科斯岛就被认为是世界上海盗埋藏珍宝最多的地方，但时至今日，谁也没能找到这些宝藏。对人类而言，这真正的宝藏应该正是科科斯岛本身。岛内无数的珍稀动植物群每年都吸引了来自世界各地的科学家前来探索。

拓展思考

1. 科科斯岛国家公园有哪些特色景观？

2. 试分析海盗把科科斯岛作为“劫掠太平洋中西班牙人满载黄金的大帆船的最佳出发地”的原因？

美国：黄石国家公园

Mei Guo：Huang Shi Guo Jia Gong Yuan

※ 黄石国家公园

成立于1892年的美国黄石国家公园总占地面积为8956平方千米，位于美国中西部怀俄明州的西北角，是世界上第一座国家公园。公园大部分在美国怀俄明州境内，并向西北方向一直延伸到爱达荷州和蒙大拿州。被美国人自豪地称为“地球上最独一无二的神奇乐园”。1978年，黄石公园被列为世界自然遗产。黄石公园以其由水与火锤炼而成的大地原始景观被人们称之为“地球表面上最精彩、最壮观的美景”，也被描述成“已超乎人类艺术所能达到的极限”。

◎黄石国家公园的成立由来

早在19世纪初期，这里本是属于肖肖尼人和其他印第安人的，印第安人在此过着游牧狩猎的生活。约翰科尔特是第一位到这里进行探索和勘探的学者。1806年，他在探访该地后写下了一系列关于该地区的报道，很快就吸引了大批狩猎者和探矿者前来。这期间也有政府授权的探险队，如1859，由吉姆布里杰率领的进入黄石的探险队，就属政府行为。到1871年，美国政府又派出一支对黄石地区进行正式勘察工作的国家地质勘探队。该支勘察队领队为当时著名地质学家海登。海登在勘查工作结束以后发表声明，对法官科尼利厄斯·赫奇斯之前“将黄石地区收归国有”的提议表示支持。尽管在海登发表声明之后不久，美国就爆发了一场影响极广、声势浩大的反对运动，但将这片公共土地交到联邦政府手中的议案最终获得通过。1872年3月1日，当时的美国总统格兰特在提案上签了字，至此，世界上第一个“国家公园”诞生了。

◎黄石公园著名自然景观

黄石公园是美国全境少有的大面积的自然景观之一，因其99%的面积都没有人工开发，所以是真正意义上的荒野，只要你走进这里，自然而洁净的气息就会扑面而来。在漫长的6000万年发展历史中，黄石地区曾经历了多次火山喷发，现今海拔2000多米的熔岩高原就是由火山灰的堆积逐渐演变而成的，与此同时，黄石地区还经历了三次冰川运动，冰川运动给这片土地带来了山谷、湖泊以及成群的温泉和喷泉。大自然通过水和火的力量对这里进行精雕细琢，使之呈现给世人绝无仅有的迷人景色。如果你想观看山，东、西、北三面，随处可见起伏崎岖、山岩嶙峋的山峰；如果你想游览水，河流、湖泊、小溪、温泉、大小瀑布，公园都应有尽有，并且几乎你对自然环境所有的要求和幻想，在黄石地区都可以给你完美的答案。

如同中国的万里长城一样，黄石国家也是外国游客的必游之处。它以保持自然环境的本色而闻名于世。黄石河作为黄石国家公园内的一处景观，很是值得称赞。黄石河由黄石峡谷汹涌而出，贯穿整个黄石公园后到

※ 美丽的黄石国家公园

达蒙大拿州境内。它将山脉切穿而创造了神奇的黄石大峡谷。阳光下，两峡壁从橙黄色过渡到橘红色，如同两条曲折的彩带，在人间飘忽。由于公园地势高，黄石河及其支流深深地切入峡谷，形成许多激流瀑布，实为壮观。

◎间歇喷泉

间歇喷泉可说是黄石公园的骄傲，该公园的间歇喷泉之多可用星罗棋布来形容，这里间歇泉的数量是世界上其他地方的间歇泉总数加到一起也无法相比。只有在黄石国家公园里，才能看到展现出它们最恢弘的气势和最壮丽的风采。

※ 喷泉

尽管黄石国家公园中的间歇喷泉众多，但它们都各不相同，很多都颇具特色，如“狮群喷泉”。该喷泉分别由四个小喷泉组成，它在每一次喷发前，都会先发出如狮吼一般的声音，随后，才会有水柱射向空中。对于“蓝宝石喷泉”而言，它的不同之处在于拥有如大海一样碧蓝的泉水，而该泉水在每次喷发时都犹如绽放在天空的绚烂花朵。而“老忠实泉”则是黄石公园里最著名的间歇喷泉，它因喷发时非常有规律可寻，而得其名，在迄今发现“老忠实泉”的 100 多年间，它每次喷发时间间隔都会保持在 90 分钟左右，而每次喷发持续时间总为四五分钟，水柱高达 40 多米，100 多年间从没有间断过。

被称为黄石公园上一颗颗明珠的间歇泉，不论拥有怎样的形状、大小，也不论是数九严寒抑或是赤日炎炎，无论暖春还是冷秋，也不管是风霜还是雨雪，所有的间歇泉都在日夜不停地一会腾起，一会沉寂，成为大自然所栽培的最奇特的水之花。

◎热喷泉

黄石公园的地热景观在全世界都是享有盛名。那数以千计的沸泉和池水碧蓝的大湖深潭处于波涛汹涌、山声鼎沸时，如同一炉烈焰正在熊熊燃烧。而上百个间歇喷泉喷射着沸腾的水柱，冒着滚滚蒸汽，又仿佛倒转的瀑布，它们从火热而黑暗的地下世界不时喷涌而出。还有一些间歇泉的水柱气势磅礴，犹如参天大树，其直径从 1.5 米到 18 米不等，高度有 45 米至 90 米。巨大的力量使其在这样的高度上持续数分钟，有的可将近持续一个小时左右。由于凹形的地形使得黄石公园冬季降雪极多，从而给这里提供了丰富的地下水源。

位于黄石国家公园的大棱镜温泉宽约 75 至 91 米，有 49 米深，每分钟大约会涌出 2000 公升温度为 71℃ 左右的地下水，是美国最大、世界第三大的温泉。大棱镜温泉的美并不在于它是温泉水，而是这些温泉水的颜色，即湖面的颜色会随季节的变化而改变。在春天，湖面从绿色变为灿烂的橙红色，而夏天则显现橙色、红色，或黄色，到了冬天，湖水又变为深绿色。所以该湖又有“大虹彩温泉”之称。研究表明，湖水变色的原因由于富含矿物质的水体中生活着藻类和含色素的细菌等微生物，它们体内的叶绿素和类胡萝卜素的比例会随季节变换而改变，于是水体就呈现出不同的色彩。夏季，叶绿素含量相对较低即呈偏暖色。而到了冬季，由于缺乏光照，这些微生物就会产生更多的叶绿素来抑制类胡萝卜素的颜色，于是水体就呈现出深绿色。

◎黄石大峡谷

黄石大峡谷是由黄石河历经多年的冲刷和侵蚀而形成的险峻峡谷。它地理位置在钓鱼桥和高塔之间，深 60 米，宽 200 米，长约 38 千米，地势非常险峻。在大峡谷，可以欣赏到黄石公园最壮观、最华丽的景色。

※ 黄石大峡谷

黄石大峡谷的风化火山岩，可谓是光怪陆离、五光十色。阳光下，峡谷两岸从头到尾都闪烁着绚烂夺目的光泽。在峡壁上还可以看到白色、黄色、绿色、朱红以及无数种多彩斑斓的颜色。而这些正是真真实实的百万吨的岩石，让人不得不感叹造物主的神奇与不可思议。

“在不同的国度里，无论风光、植被存在多么大的差异，但那里的大地母亲总是同样的熟悉、亲切、永恒不变。可是在这里，大地的变化实在太大了，使人仿佛觉得进入了另一个世界。地球仿佛在这里考验着自己无穷无尽的创造力。”这是20世纪初一位探险家对黄石公园的描述。确实，黄石公园在一个地区中就能拥有种类丰富的地理、自然、动物景观，从间歇喷泉、热温泉到峡谷和森林的美丽景色，都无不说明着黄石公园的奇特和美丽。

大自然用神奇的力量，漫长的时间成就了黄石公园的一切，努力维护这些美景，也是人类在向自然无尽索取后应该做出的回报，因为只有这样，才能让黄石公园保持它永久的美好。同时也为后人留下宝贵的自然财富。

◎动物

自然资源得天独厚的黄石国家公园成为美国最大的野生动物庇护所和著名的野生动物园，在这里生长的野生动物（包括60多种哺乳动物）有300种之多，还有18种鱼和225种鸟。另外还有包括美洲狮、灰熊、灰狼、白尾鹿、金鹰、麋鹿、野牛、美洲大角鹿、羚羊等2000多种动物在这里繁衍生息。

如今，黄石公园是野生野牛惟一的生存之地。早在1541年，当在美洲上岸的征服者科罗纳多进入北美大草原时，野牛是那样的繁多。即使在一百多年前，自东部而来的拓荒者亲眼目睹野牛大迁徙的壮观景象后，记录下这样的文字：“当野牛移动时，大地宛如铺上了一块黑色地毯，三天三夜，绵延不绝。”足以可见整个美洲大陆生长的野牛之多。但是，后来由于人类的猎杀，使得野牛几乎绝种。到19世纪末，美国境内仅有位于蒙大拿州的国家野牛保护区及黄石公园还有少数的野牛生存，总数不下一百多头。

熊作为黄石国家公园的象征，以其憨态可掬的样子，煞是逗人喜爱。黄石公园内约有200多头黑熊，100多头灰熊，在园区内的路边，人们经常能够看到一只大熊带着一两只小熊，拦住游人的汽车伸手乞食的场景，那样子让人看了既心疼又爱怜。目前，在黄石公园范围内大概有近千只熊。它们大部分为棕熊，小部分是黑熊。区分黑熊和棕熊并不能完全通过其毛色来判断，因为近一半以上的黑熊毛色也是棕色。虽然黄石公园里的熊数量很多，但它们多分散在广阔的山野间，所以并不容易见到。随着熊数量的日渐减少，政府不得不采取措施对它们严加保护。

如果动物有特别害怕的东西，那可能要数它们的天敌了。而灰狼就是野牛的天敌。狼因野牛身强力壮，总会耐心等待孤单、幼年的或因病掉队的年老的野牛，然后从肋部攻击，将其推翻在地，同时咬断它后腿的腱。

80 多年以前，很多狼群栖息在黄石公园的高原和丘陵地带。人类为了保护濒临绝种的野牛，大量捕杀本性不好的狼群，而黄石国家公园的狼也在这个时期完全绝迹了。直到这时，人们才逐渐发现狼的存在对于保持自然界生态平衡起着非常可贵的作用。

狼的好处又在哪里？狼除偶尔在夏季吃点青草、嫩芽或浆果外，其主要还以食肉为主，如野兔、鼠类、河狸，间或还能捕到小鸟等。而对于较大型动物，老幼病残是它们主要目标，如遇速度较快的成体或是能以角和蹄进行自卫的群体动物，它们仍是无能为力。一项公园研究数据表明：冬季遭狼伤害的鹿中，有 58%是 6 岁或年龄更大的鹿，而这个年龄组的鹿只占鹿的总数的 10%。这个研究数据充分说明了，狼所要消灭的正是应该消灭的部分。那些鹿多数又老又病残，丧失繁殖能力，它们的作用只是消耗更多的植物资源。而消灭它们在客观上就是在强壮鹿的种群和保护鹿的食物资源。对其他的草食动物而言也是如此。另一方面，狼在食取猎物时，总要剩一些骨头、皮肉和残渣剩屑。而这些剩余物又是很多肉食兽类和鸟类用以维持的生计，如狐狸、秃鹫、鹰、乌鸦等。如果没有狼，那么这些动物就很难度过难熬的冬天。

很多动物学家认为，狼是一种智商很高，富有人情味，在整个草原和森林生态系统中不可缺少的动物。正像美国狼基金会主席阿斯金所说到的那样：“黄石公园若没有重要的肉食动物，就像一个钟表没有发条一样。”在这种情况下，公园决定以人为方式引进灰狼，希望通过“大自然食物链”的方式，达到控制野牛数量的目的。与土狼相比，灰狼的体型类似狼犬，腿稍长，脸也比较方且耳朵较小，毛色以黄褐色居多。属群居动物，连觅食也是成群捕食。在狼群中有严格的长尊幼卑秩序，任何违反秩序的狼都将会被驱逐出狼群。狼群的繁殖季为每年年初，但为了能专心照顾后代，通常只允许最优秀的母狼及公狼交配，所有狼群会集体猎捕食物来照顾生产后的母狼及幼狼，直到幼狼可以独立，母狼才会同它一起出去捕食。而狼一旦选定配偶，一般是终身相伴，可以共同生活 10 多年。据一些动物学家研究，狼是一种极其聪明的、高度社会化的动物。在印地安人的眼中是，狼是神圣的，狼被他们认为是大地的灵魂。在印地安艺术家的作品里，狼也常常是他们不可或缺的创作题材，这是印地安文化里神秘的表象。

知识链接

美国黄石公园是在火山爆发中形成的，公园本身就是一座“超级火山”，占地面积近 9000 平方千米，是世界上最大的活火山。该地区潜藏的超级能量足以摧毁地球，而它所喷发的岩浆能够埋没半个美国。据地质学家推算，历史上有记载的黄石超级火山喷发有上百次，最早的一次是在 1650 万年前，最后则是在 63 万年前，其喷发的周期大约为 60 万年。

拓展思考

1. 在我们国家有哪些火山？
2. 火山是如何形成的？温泉又是如何形成的？
3. 如果有一天你有机会来到美国黄石公园，你最想去哪个地方？

美国：夏威夷火山国家公园

Mei Guo：Xia Wei Yi Huo Shan Guo Jia Gong Yuan

位于北太平洋中央的夏威夷群岛的夏威夷火山国家公园，是一个绵延2400千米的群岛整体，主要由东南至西北的130多个岛屿组成。该公园位于美国夏威夷州的夏威夷岛上，占地面积929平方千米，主要包括冒纳罗业和基拉韦厄两座现代活火山。

夏威夷火山群的第一大火山是冒纳罗亚火山，海拔高度为4170米，外形呈圆锥，从水深6000米的太平洋底部耸立而起，从海底到山顶高度超过1万米，比珠穆朗玛峰还高了1000多米。冒纳罗亚火山先后约喷发过35次，至今山顶上还留有火山口。火山喷发时，大量熔岩不断地倾泻出来，使山体日益增大，因而有“伟大的建筑师”之称。该火山的大火山口称为“莫卡维奥维奥”，意为“火烧岛”。1984年4月，这个火山口曾

※ 夏威夷国家公园

再次喷发，熔岩向夏威夷首府希洛方向流泻了近 27 千米。火山喷发前在火山上空会出现巨大的热浪，附近的人先看到滚滚而来的乌云，紧接着便是电闪雷鸣，随即大雨倾盆。

基拉韦厄火山坐落在冒纳罗亚火山的东南侧，海拔为 1243 米，其山名意为“吐出许多”。该火山的活动极其频繁，曾经有过在 30 年内喷发 50 次的记录。从 1983 年初到 1984 年 4 月，该火山居然爆发了 17 次，这样的频繁活动在世界上实为罕见。火山爆发时，其景象非常壮观。熔岩像喷泉一样翻涌奔腾，四处飞溅。金黄色的巨流像决堤的洪水，气势汹涌，势不可挡。壮观的熔岩抛向空中达 90 米，最高达 503 米这是最著名的喷发特征。脱离火山口的熔岩，如一条红色河流，沿着山丘向下流动。传说，在夏威夷火山中居住着一位叫佩莉的女神，她时常云游太平洋诸岛，基拉韦厄火山的爆发就是为迎接女神远游归来的。

在夏威夷火山国家公园中还生长着茂密的热带雨林。在这里，可经常看到蝙蝠、大鹰、乌鸦、夏威夷白腹水鸟等动物，其中还有夏威夷州州徽图案上的夏威夷雁。

知识链接

关于夏威夷火山群岛，曾有这样一个传说：相传，很久以前，捣蛋鬼莫埃—莫埃阿—奥利伊和大地母亲奥梅阿的女儿烈火女神皮尔，为找到一个可以安身之处，试遍了夏威夷群岛的每个地方，但每当她用魔铲挖土掘火坑时，总是距海太近，海浪滚滚而来扑灭了火焰。后来，在夏威夷岛东南角的基拉韦厄火山上这位女神终于找到了她梦寐以求的家园。有时，人们也把这座岛叫作比格艾兰岛。为了纪念这位女神，夏威夷当地人每年都会到此处给女神供奉肉、鱼、水果和鲜花，人们把祭品放在岛群中的圣地——哈莱莫莫火山口的边缘。因该处圣地位于夏威夷火山国家公园内，因此也称为夏威夷火山公园的一景。

拓展思考

1. 夏威夷火山群岛有哪些特点？
2. 夏威夷火山群岛中有哪些动植物？

第六章 世界自然遗产之大洋洲

SHI JIE ZI RAN YI CHAN ZHI DA YANG ZHOU

大洋洲西邻印度洋，东临太平洋，并与南北美洲遥遥相对大洋洲，位于太平洋西南部和南部的赤道南北海域之间。作为世界七大洲面积最小的大洋洲，其自然遗产分布状况如何，请看本章详细介绍。

澳大利亚：大堡礁

Ao Da Li Ya：Da Bao Jiao

※ 大堡礁

位于澳大利亚昆士兰省对岸的大堡礁是世界最大最长的珊瑚礁群，它纵贯于澳洲的东北沿海，北起托雷斯海峡，南到南回归线以南，绵延伸展达 2011 千米，最宽处有 161 千米。有 2900 个大小珊瑚礁岛，自然景观极其特殊，属世界七大自然景观之一。大堡礁的南端离海岸最远达 241 千米，北端最近处离海岸仅 16 千米。大堡礁的一部分岛屿，其实是淹在海中的山脉顶峰。每到落潮之时，一部分珊瑚礁会露出水面形成珊瑚岛。在礁群与海岸之间有一条极方便的交通海路。风平浪静时，游船可从此间通过，船下连绵不断的、多彩多形的珊瑚景色，成为吸引世界各地游客来猎奇观赏的最佳海底奇观。1981 年大堡礁被列入世界自然遗产名录。

约有大小岛屿 630 多个组成的大堡礁水域中，尤以绿岛、丹客岛、磁石岛、海伦岛、哈米顿岛、琳德曼岛、蜥蜴岛、芬瑟岛等最为有名。俯瞰大堡礁，犹如在汹涌澎湃的大海上绽放的碧绿的宝石一般。如今，这些各有特色的岛屿都已开辟为旅游区，吸引着无数的游客前来观光旅游。

大堡礁主要受南半球气流控制，属热带气候。由于这里自然条件适宜，又无大风大浪，所以该处就成了多种鱼类的栖息地，而在不同的月份还能看到该地不同的水生珍稀动物，让游客大饱眼福。

距今已有 2500 万年历史的大堡礁，是上次冰河时期后，海面上升到现在位置之后历经一万年形成的，而它的面积仍在不断扩大中。堪称地球上最美“装饰品”的大堡礁，像一颗闪着天蓝、靛蓝、蔚蓝和纯白色光芒的明珠，镶嵌在地球上，即使在月球上远望也清晰可见。

◎景观

1. 灯塔

在大堡礁周围建有大量的航标灯塔，以便应对该处的险恶地势，其中有些已成为著名的历史遗址，而有的经过加固时至今日依然发挥着它的作用。这些航标灯塔在发挥导航作用的同时也成为一道观赏的景观。

2. 百态珊瑚

大堡礁共有 400 多种绚丽多彩的珊瑚组成，各种珊瑚造型都不相同，大部分堡礁没入水中，在低潮时略露礁顶。若从飞机上向下俯瞰，礁岛仿佛一颗颗碧绿的翡翠，灿烂无比，熠熠生辉，而若隐若现的礁顶又宛如艳丽的花朵，在碧波万顷的大海上尽力地怒放着。

今天的珊瑚礁是生活在这里的各种各样的活珊瑚分泌物和其他一些物质相互作用而形成的。营造如此庞大“工程”的是直径只有几毫米的腔肠动物——珊瑚虫。最早的珊瑚虫出现在约 4.7 亿年前的古生代奥陶纪中期。它们只能生活在全年水温保持在 22℃～28℃的水域中，而且水质必须清洁干净。而澳大利亚东北岸外大陆架海域就具备珊瑚虫繁衍生息的必要条件。珊瑚虫集体生活，主要以浮游生物为食。它常常会分泌出一种碳性物质，这种物质与珊瑚虫石灰质的骨骼及单细胞藻类的残骸混合、堆积，形成礁区。有的珊瑚礁在水面以下，有的则露出水面，露出水面的珊瑚群就是海岛。第一代珊瑚虫死后留下遗骸，新一代继续向高处和两旁发育繁衍。如此长年累月，珊瑚虫的石灰质骨骸连同藻类、贝壳等海洋生物残骸胶结在一起，逐渐堆积成巨大的珊瑚礁体。

从空中俯瞰，在大堡礁区域内有一处如天然心形一般的岛，人们根据其形将其称为心形岛。它同时也是大堡礁的一个奇特景观，也是在大堡礁中必看的景点之一。心形岛，形如其名，如果说这是上帝的作品，可以说原来上帝也是愿意把这里当作心灵的栖息之地，再加上大堡礁本身很好看的水色，使这里景色更是美轮美奂。

珊瑚礁有红、粉、绿、紫、黄等各种颜色，有的白如飞霜，有的绿似翡翠，各有各的不同。除颜色外，珊瑚礁的形状也千姿百态，有的如开屏的孔雀，有的像雪中的红梅，有的浑圆如蘑菇，有的纤细似鹿茸，有的又像极了灵芝，组成一幅千姿百态、奇特壮观的天然艺术图画。各色的珊瑚礁以鹿角形、梅花形、荷叶形、海草形在海底扩展着美丽的身躯。这里的珊瑚礁共有400余种不同类型，其中包括世界上最大的珊瑚礁。约有350种珊瑚虫与水母有亲缘关系，每个珊瑚虫的嘴周围都长有一圈触须，它们从海水中吸取碳酸钙，变成石灰质的外壳，无数外壳累积起来便成为珊瑚礁。

3. 海洋生物

在大堡礁海域中约1500种热带海洋鱼类，有色彩华美的雀鲷，有泳姿优雅的蝴蝶鱼，漂亮华丽的狮子鱼，脊部棘状突出并且释放毒液的石鱼，好逸恶劳的印头鱼，还有天使鱼、鹦鹉鱼等各种热带观赏鱼。泻湖被珊瑚礁包了个严实，这里风平浪静，成为天然的避风港，透过清澈的海水，各种鱼类、软体类，蟹类、海藻类五彩缤纷、琳琅满目，清晰可见。此外，还有在大堡礁外侧捕食浮游生物的成群结队的小鮨鱼。每次至少产十亿颗卵、体重达90千克长相古怪得令人生畏的巨蛤。欲称霸海洋的鲨鱼，柔软无骨的无壳蜗牛，硕大无比的海龟，斑点血红的螃蟹……如果游客刚好于退潮之时来至此地，就会发现被潮水冲上来的大大小小闪烁着光芒的美丽贝壳，以及退潮时来不及逃走而安静地躺在沙滩上的长达1米的

※ 珊瑚礁

大龙虾和体肥味美的海参。

濒危动物座头鲸，在每年 7～9 月的时候会出现在珊瑚岛南部。它是一种体长在 15 米左右的鲸，大的座头鲸体重可达 40 吨以上，虽然听起来十分吓人，但实际上它们并不可怕，它们是一种温和的海洋哺乳动物。在这里，还能看到大量的儒艮，又叫海牛，与别的海洋哺乳类动物不同之处在于，它们是惟一以植物为生的海洋生物。每年的 10 月到次年 3 月，海龟子会来到雷恩岛产卵，它们如今已将近灭绝，这里是它们的一个主要繁衍地。

另外，大堡礁海域里还生活着 4000 多种棘皮动物和软体动物等其他海洋生物，如：海参、虾，海星、海绵、海葵、蠕虫、海胆、海蜇、管虫、海鞘、海蛞蝓、水母等，其种类繁多，色彩纷呈，让人目不暇接。某些濒临灭绝的动物物种（如人鱼和巨型绿龟）也栖息与此，具有极高的科学研究价值。

◎保护大堡礁

尽管大堡礁是世界上最有活力、最完整的生态系统，但这些也弥补不了其平衡的最脆弱性。如果大堡礁某方面受到了威胁，整个系统将会出现一种灾难。多少年中生生不息的大堡礁禁得住大风大浪的袭击，却承受不了来自现代人类对它的危害，尽管曾经的土著人在此渔猎已数个世纪，却并没有对大堡礁造成破坏。直到 20 世纪，由于开采鸟粪，大量捕鱼捕鲸进行大规模的海参贸易和捕捞珠母等，已经使大堡礁伤痕累累。如今，澳大利亚已将这一地区辟为国家公园，从而有效地制止了此类活动，并对旅游活动进行了相应的控制。

1975 年，澳大利亚政府颁布了《大堡礁海洋公园法》，公园法中明确提出了建立、控制、保护和发展海洋公园，其中涵盖了大堡礁 98.5%的区域范围。海洋公园的建立不仅对当地文化的保护起到重要作用，同时也与当地土著居民的生活息息相关。1981 年，整个区域被划入世界遗产名录中。正如艾登堡爵士所表示的那样：“珊瑚礁就像是笼中的金丝雀。它们是在提醒人们必须关注海洋世界的命运。珊瑚礁最容易遭受破坏，所受影响显现出来的速度也可能是最快的。任何曾有幸潜入珊瑚礁的人无不为其壮丽的外表以及生物多样性所深深震撼。对于这些人来说，珊瑚礁将走向死亡并最终被褐色污泥覆盖沦为一个砾石坑的命运定会让他们惊恐万分。”

去大堡礁旅游，最佳时间为每年的 5～10 月之间。从季节上讲，澳大利亚凯恩斯地处热带，是全年都能进行观光活动的地方。但每年的5～10月即当地的深秋、冬季和初春最为理想。此时气候相对较为稳定、清爽宜人，多蓝天白云。天气晴朗则有足够光线照入水中，从而使得在阳光下各色绚丽的珊瑚和鱼类的色彩更加艳丽动人。大堡礁的海水温度是从冬季最冷的摄氏23度到夏季最热的摄氏32度之间，因此，任何时间游客都可以下海游泳观光，而不会感到寒冷。

▶知识链接

有些人认为大堡礁是海洋中的热带雨林，其实却不然，它实际与热带雨林是不同的，珊瑚取代雨林中的树木，鱼类和软体动物取代了鸟兽。要说相同之处，那就是这里也有各种各样的生物和生存竞争。夏季，母海龟爬到岛上把蛋产在热沙里。约八周后成千上万的幼龟便从沙里孵出，争先恐后爬入海中。在它们爬向大海的路途中，往往被海鸟、螃蟹和老鼠捕食。在礁外的深水区生活着海豚和鲸等哺乳动物。在大堡礁的边远处，最凶残的大白鲨和虎鲨则时时刻刻在等待着它们的美食——海豚和海龟。

拓展思考

1. 大堡礁是世界上最大的珊瑚礁群，这里的珊瑚礁有什么特点？
2. 假如你有机会去大堡礁旅游，你会选择哪种方式，为什么？

新西兰：库克山国家公园

Xin Xi Lan：Ku Ke Shsn Guo Jia Gong Yuan

位于新西兰南岛中西部的库克山国家公园，南起阿瑟隘口，西接迈因岭，正处于南阿尔卑斯山景色最壮观秀丽的中段。与新西兰西区国家公园，亚斯派灵山国家公园，及峡湾国家公园相邻。该公园于 1953 年建立，是一个长达 64 千米的狭长公园，公园最窄处只有 20 千米，占地面积 706. 96 平方千米，冰河面积占 40%。

※ 库克山国家公园

◎自然美景

库克山国家公园内终年积雪的地区占三分之一，公园内共有 15 座海拔在 3000 米以上的山峰，有多达 140 座海拔在 2000 米以上的山峰，山峰连绵起伏，气势磅礴，十分壮观。其中雄踞中间的库克山海拔高度为 3764 米，是新西兰最高峰，同时也是大洋洲第二高峰，素有“新西兰屋脊”之称，被称为“南半球的阿尔卑斯山”，毛利人称其为“奥伦基山”，译为为“破云山”。

※ 塔斯曼冰河

在库克山国家公园内聚集着雪山、山林，冰川、河流、湖泊、以及动物和高原植被等，不同风格的景点，让前来游玩的游人为之惊叹不已。库克山屹立在群峰之巅，其顶峰终年被冰雪覆盖，而在群山的谷地里，则隐藏了许多条冰川。还有呈深赭石色的冰蚀湖，有清澈翠绿的雨水湖，山影碧波，风光无限，塔斯曼冰河是群山中最大的冰河，它全长 29 千米，宽 2 千米，深 600 米，是喜马拉雅山脉以外最大的冰川之一。该冰河以每天 23～45 厘米不等的速度缓缓下滑，几乎让人察觉不到。由于它的移动，在冰川内部，带着山体的碎石下滑，加上阳光的照射，使冰川表面形成了无数的裂缝和冰塔，造形千姿百态，耀眼夺目。

在被冰河侵蚀成 V 字形的山谷前，库克山国家公园内有两个宁静而美丽的湖泊，一个叫普卡基湖，一个叫太卡湖。南阿尔卑斯山雪溶之后的水流经几个湖泊后，来到南坎特布利平原的威塔奇河，之后东流注入南太平洋。普卡基湖、泰卡普湖这两个湖的背景都是库克山以及周围的群峰，湖水均源于冰川，水色碧蓝且含带着乳白，晶莹如玉，平洁如镜。在普卡基湖边，建有一个小小的教堂，还有一只牧羊狗的雕塑，它们都安静地守候在湖畔，记载着这里发生的故事。蓝天白云、雪山碧湖、绿色相间的原野和山林，五彩缤纷的花朵，渺无人烟，只有大自然的风声掠过人们的耳际。

观赏南阿尔卑斯山的绝佳景点就在库克山国家公园。由于这里有 29 座都高于海拔 3000 米的山峰，所以，这里也是新西兰登山爱好者最渴望

※ 普卡基湖

来到的地方。众多的路线让你来挑战阿尔卑斯山。有 1 小时的红潭阶梯攀爬，还有平坦步行的基亚角漫步。库克山的山麓地带是绝佳的自然游乐场所，库克山上有美丽的高山植物花园，在库克山还可做滑雪等活动。

知识链接

在库克山国家公园内，有一个叫做胡克谷的步道非常著名，沿步道而行是观光风景的最好选择，沿途除了有库克山峰和周围群峰美景相伴，春夏两季青翠的高山草地外，还有如库克山百合等无数美丽的花朵灿烂相迎。接近穆勒冰河时，游人还可欣赏到高山与冰瀑的壮观景象。终点湖是胡克谷步道的尽头，游客多半在抵达这座蓝色冰河湖后，一般即按原路折回，尽管往前还有曲折的步道通往胡克小屋，但为了安全起见，必须是有向导同行的队伍，才可继续向前。

拓展思考

1. 库克山国家公园的景观有哪些特点？
2. 库克山国家公园中都有哪些动植物？

新西兰：峡湾国家公园

Xin Xi Lan：Xia Wan Guo Jia Gong Yuan

※ 峡湾国家公园

峡湾国家公园又叫菲奥德兰国家公园，它占地面积 12120 平方千米，位于新西兰南岛西南端，濒临塔斯曼海，是新西兰最大的公园，也是世界上最大的国家公园之一。该公园在 1904 年被列为保护区，1952 年辟为公园，1990 年峡湾国家公园被列为联合国世界遗产保护地区。

由于峡湾国家公园处于太平洋板块和澳大利亚与印度洋板块交界处的高山断层处，所以这里会经常发生地震。虽然容易发生地震，但这丝毫不影响该公园多种多样的景观，这里有峡湾、岩石海岸、悬崖峭壁、高山湖泊和众多瀑布。而这些都是冰川多次作用雕磨的结果。历次冰川时代中由于冰川作用所留下来的 14 个巨大的裂口形成了峡湾国家公园临海的奇特地势形。

特阿瑙湖是公园内南岛最大的湖，而马纳波里湖是南岛最深的湖。特阿瑙湖面积约为 400 平方千米，长约 61 千米，最宽处还不足 10 千米，湖体狭长，西部三个狭长湖峡直插山间，其形似低头吃草的长颈鹿。马纳波里湖，毛利语意为“伤心湖”，该湖面积约 190 平方千米，长约 29 千米，最深处可达 443 米。三个狭长的湖湾伸向南、北、西三个不同的方向，形状如驰骋的马驹。湖内有很多小岛，较大的岛屿约有 30 个。湖周围被群山环抱，碧波闪闪的湖水边，岛屿若隐若现，被誉为“新西兰最美之湖”。

海岸呈锯齿形的峡湾国家公园内多峡湾。峡湾是一个由海洋淹没的 U 型冰川峡谷。有 14 个沿南岛西南侧排列的峡湾形成于 10 万年前，而发生在约 1 万年前的最近一次冰川活动，将该峡湾固定成目前的地形。毛利人认为石匠图蒂拉基法脑阿对创造该峡湾起到了功不可莫的作用。相传，是图蒂拉基法脑阿用锛子开凿出了陡峭的山谷。更新世时期的冰川运动给此地留下了明显的印记，冰川活动发生在约 100 万年前，冰川移动过程削尖了各个山峰，刨蚀了每条峡谷与所有的湖泊，同时也拓宽了峡谷的 V 字形谷底。米尔福德峡湾是这里最大的也是最著名的峡湾，河流向内陆延伸 22 千米，峡湾水面与山崖垂直相交，冰川被切割成 V 字形断面，峡谷下沉后就形成了现在的景观。

※ 米尔福德峡湾

号称“世界八大奇景”的间米尔福德峡湾，是峡湾国家公园中最重要的景点。该峡湾山体被垂直冰川侵蚀 1000 米，不论是在船上仰望冰川断崖，还是在空中俯瞰险峻陡峭的米特峰，都会让人觉得这是一次终生难忘的经历。在米尔福德峡湾风平浪静之日，海水会倒映出麦特尔峰壮美的样子，麦特尔峰是新西兰风景最美的奇峰之一。游客到此一般都会选择乘游船游览。在峡湾内荡舟，看到的是群山合围，飞瀑流泉，峭壁万仞冰川滢滢，给人以无限美感。西海岸的 14 个峡湾总长 44 千米，最深处 500 米。南海岸的峡湾更长，入海口更宽，其间还有许多小岛。在所有的山涧中，几乎到处都能看到大大小小的瀑布，这些大大小小的瀑布在峭壁上，或者叮咚或者轰鸣，汇成一曲动听的天然交响乐。苏瑟兰瀑布是此处最著名的瀑布，它位于密福特峡湾上，总落差为 580 米，居世界前列。

在峡湾西海岸，高山从洋面拔地而起，其中有高达 2746 米的图托科峰。被海水淹没的冰川峡谷组成海湾，这里原是高原，经风雨冰雪侵蚀，形成了不同的地貌景观。因为海湾峡地有如此错综复杂的地貌，所以有“高山园林和海滨峡地之胜”之美誉。

◎动植物

公园中将近三分之二的地区都被原始的山毛榉和罗汉松森林覆盖，在海拔 300 米以上的地带上生长有芮木泪松。园内共有稀有的或濒临绝迹的植物 25 种，其中 22 种为本园特有植物。另有 21 种分布区域极小，集中于峡湾地带的植物，其中有些树龄高达 800 年以上。四通八达的步行道长达 500 千米，游客可以通过这些道，欣赏到有着山峰、高山湖泊、布满苔藓的山谷的原始世界。

※ 苏瑟兰瀑布

除鬼斧神工的自然奇景外，在峡湾国家公园内还生存着丰富多样的野生动物。森林内还生存有多种鸟类，海岸边有毛海豹、海豚、黄眼睛企鹅等。蝙蝠是仅有一种公园里土生土长的陆地哺乳动物，还有一定数量的海上哺乳动物，包括 5 万多头海狮。此外，公园还引进了鼬、马鹿、岩羚羊等。这里同时也是塔卡赫鸟、世界上最大的鹦鹉卡卡波鸟、棕色几维鸟、本地企鹅和扇尾鹟的栖息和生长之地，其中扇尾鹟是濒临绝种的鸟类，塔卡赫鸟属一种新西兰秧鸡，是一种不善飞、能游泳的鸟。

※ 扇尾鹟

知识链接

由于地理位置的原因，峡湾国家公园的秋季是指 3～5 月份，冬季是 6～8 月，春季是 9～11 月，夏季则是 12 月～次年 2 月。客游量最多的季节是夏季，而景色最美的季节则是冬季，但因该地区昼夜温差较大，所以到此游玩应该多注意保暖。

拓展思考

1. 峡湾国家公园为什么经常发生地震？
2. 峡湾国家公园有哪些美景和稀有动植物？

新西兰：汤加里罗国家公园

Xin Xi Lan: Tang Jia Li Luo Guo Jia Gong Yuan

汤加里罗国家公园是新西兰最为著名的火山公园，该公园有15座近代活动过或正在活动的火山，均呈线状排列，向东北延伸。位于新西兰北岛中央，主要特色为壮观的火山群和当地土著毛利人文化。汤加里罗国家公园于1990年和1993年被联合国教科文组织作为文化和自然遗产，列入《世界遗产名录》。由于该公园是著名的旅游胜地，所以每年都会有成千上万的游客前来前来参观。

※ 汤加里罗国家公园

汤加里罗、奈乌鲁赫和鲁阿佩胡火山是汤加里罗国家公园内三座著名的活火山。其中只有75万年的鲁阿佩胡火山海拔2796米，是北岛的最高点，其顶峰终年积雪皑皑，是著名的滑雪胜地。奈乌鲁赫火山是三座火山中最壮观的，也是十分典型的圆锥形火山，其形如圆锥，山坡陡峭，顶部为直径400米的火山口。奈乌鲁赫火山终年烟雾腾腾，生生不息。从19世纪30年代以来，它就一直处于活动状态。奈乌鲁赫火山的喷发多姿多彩，有时喷出的熔岩顺坡流下，改变了火山的形状。而爆发本身也使火山口的形状不断变化，在主火山口内重新生成次生火山锥。汤加里罗公园的地热资源非常丰富，沸泉、间歇泉、喷气孔、沸泥塘等随处可见。沸泥塘便是这里的一大奇观，因泥塘中黄色的泥浆会出现沸腾的现象

※ 鲁阿佩胡火山

而得名，每当此时，泥塘看起来既生动又壮观。

※ 园林风光

因汤加里罗公园本身即为一座火山公园，所以该公园内到处都呈现出一片火山园林风光，蜿蜒在山间的银灰色大道由火山灰铺成，苍翠的天然森林环抱着层峦叠嶂的群山和绿草茵茵繁花似锦的草原，湖泊绿波荡漾，宛如中国杭州西湖，湖中有岛，岛中有湖，加之人工点缀，婀娜多姿，亭亭玉立。然而，中国的西湖美中不足之处在于，它是一个平地上典型的残迹湖，而汤加里罗公园的湖泊，却是云雾缭绕的高山火山口湖。不管你走到汤加里罗公园的 15 个火山口的哪个地方，火山活动的奇景都千姿百态、各不相同，使人有耳目一新之感。远远眺望沸泉，只见热气蒸腾，烟雾缭绕。走近时，但见沸流高喷，呼呼作响，水柱在灿烂的阳光下闪烁着奇光异彩，使游人如入仙山琼阁之中。倘若是在冬天，游人还可以跳入热泉天然游泳池中畅游，体会沁人肺腑的舒适之感。汤加里罗公园是新西兰登山、滑雪和旅游胜地。

几维鸟是新西兰的国鸟，也是新西兰的象征，而这些几维鸟就生活在汤加里罗公园中。在新西兰的国徽和硬币中，均用此鸟做标记。除几维鸟外，汤加里罗公园内还种植着从中国移植而来的猕猴桃，当地人为它取名“几维果”，它如今是新西兰一种重要的出口商品。

知识链接

汤加里罗公园地热资源较为丰富，公园内的地面上喷气孔密布，游人到此可以用几根木条，架成“地热蒸笼”，进行野餐，生马铃薯甚至生牛羊肉都可以蒸熟。公园内还有为游客服务的旅馆、商店。那里的人们很注意利用当地的地热资源，打一口几十米深井，可采出 100 多度的蒸汽，用于取暖和其他生活用热。

拓展思考

1. 汤加里罗国家公园内有哪些火山特点？
2. 汤加里罗国家公园中除猕猴桃外还有哪些水果？

澳大利亚：芬瑟岛

Ao Da Li Ya：Fen Se Dao

※ 芬瑟岛

芬瑟岛位于澳洲昆士兰省重要城市布里斯本的北方250千米处，该岛与澳洲大陆中间隔有大砂海峡，南端的起点为库罗拉镇，从大砂区域开始往北延伸约175千米。最宽处约有25千米，最高点为海拔260米。芬瑟岛总面积有1630平方千米，是世界上最大的砂岛，1992年该岛成为世界遗产，目前由澳洲马里伯勒市和赫维湾市议会维护。

考古学研究发现，早在5000多年前芬瑟岛上就有人类活动，岛上原有原始居民400～600人左右，因冬季时该岛上有丰富的渔获，后来增至约2000～3000人左右。当欧洲人发现新大陆时，外来移民对这些原住民造成了伤害。1840年，原住民被这些欧洲移民或驻兵以武力、疾病和食物掠夺的方式威胁、迫害，使其数量逐渐减少。到1890年，岛上Butchulla族原住民仅剩约300人，1904年，原住民被迫迁移到昆士兰省的两个原住民保留区：亚拉巴布和Durundur。约在1770年5月18日到20日间，从澳洲东部沿海经过的英国库克船长，发现该岛并将其命名为印第安岛。作为第一个发现该岛的人，库克在其航海日志上写道："看到岛上有为数不少的原住民聚集。"1799年到1802年间，英国人马修·芬林德也曾在航行中经过此岛，并将其纪录于手绘地图中，但他当时并没有清楚的画出芬瑟岛实际上是与澳洲大陆分离的。今天的芬瑟岛仍然保留着三万年前的风貌，它不仅是大砂海峡地域的沙漠岛屿，同时也是世界上面积最大最古老的沙漠地域，此景观让人惊叹不已。芬瑟岛最奇妙之处在于在广阔无边的沙漠，有着72种不同颜色的沙子，快乐峡谷北边的海岸延伸至35千米处则是最美丽的沙漠地带。

◎水文景观

芬瑟岛以美丽洁净的水文景观闻名于世，岛上的淡水湖也是世界最洁净的淡水湖之一。岛上共有 100 个砂丘湖，这些砂丘湖的数量仅次于澳洲的塔斯马尼亚岛。麦肯席湖是该岛较出名的观光湖，位于 Eurong 小镇。此湖位于海草区周边，海拔约 100 米，拥有广大洁净的沙滩，面积约 150 公顷，湖深仅约 5 米。因湖边的砂为纯净的二氧化硅成份，所以可用来清洗头发、牙齿、珠宝、甚至是皮肤。湖水有少量营养素，PH 值低于皮肤酸碱度，来自游客的防晒乳液和肥皂是目前该湖受到污染的主要源头。

伊莱溪是澳洲东岸最大的岛内溪流，其流量约为 8 千万公升，该处为方便游客设有一条木头步道，游人可沿着步道走到伊莱溪源头或下游，也可溯溪而行。

中央铁路站也是芬瑟岛上的悠久景点，铁路站周围具有许多特殊的植物景观，在铁路周边的雨林中可以找到某些罕有的特种蕨类。在东南风吹拂下的该岛沙丘，每年以大约 1～2 米的距离移动，并带走经过的种子和小石子等，因此在岛的西南方边缘，砂地累积的营养较高，植物生长也比较茂盛。

▶知识链接

芬瑟岛最初的名字称做 K’gari，是当地 Buechulla 族原住民的土语。寓意是“天堂”。据岛上原住民相传，当人被创造后，且需要地方居住时，大神 Beeral 遣送他的使徒 Vnedingie 与女神 K’gari，从天堂来到人间来创造土地、山、河和海洋。地球上秀美的景色把女神 K’gari 深深地吸引住，使她再不愿意离开，于是使徒 Nendingie 就将女身 K’gari 变为一座如天堂般的海岛——芬瑟岛。

1836 年，詹姆斯・芬瑟上尉与他的妻子伊莉莎・芬瑟因船难困在岛上，詹姆斯身亡，但妻子芬瑟获救。芬瑟之名就来自于伊莉莎・芬瑟的海难生存故事。

拓展思考

1. 芬瑟岛上有哪些奇特的景观？
2. 芬瑟岛有哪些特点？

澳大利亚：中东部雨林保护区

Ao Da Li Ya：Zhong Dong Bu Yu Lin Bao Hu Qu

位于澳大利亚的中东部雨林保护区，总面积达 3665 平方千米，该保护区一共包括八个区域，散布在新南威尔士州和昆士兰州的边界线上。1986 年，该保护区被囊括入世界遗产清单，当时只包括了位于新南威尔士州的部分地区（大约 3600 平方千米），1994 年扩展到昆士兰州的部分（面积约为 592 平方千米）。

该保护区的前身为“澳大利亚东海岸温带与亚热带雨林公园”，澳大利亚东海岸温带与亚热带雨林公园内的十六个保护景点中包括了 2030 平方千米的国家公园和植物与自然保护区，早在 1985 年，这个公园已经被联合国教科文组织的世界遗产计划录入。

由于该地区被认为是约 200 种稀有甚至濒危动植物的理想栖息地，所

※ 中东部雨林保护区

以该保护区具有很高的保护价值。保护区内包含了目前可以划分的五种主要雨林类型，其中还包括新南威尔士州的一些从未受过人类干扰的原始森林。与此同时，这里还有大片保存下来的重新形成的雨林，所有这些特点使这个保护区得以列入世界遗产名录。尽管澳大利亚的热带雨林区面积只有 0.3%，但澳大利亚大约一半的植物种群和三分之一的哺乳动物与鸟类物种都在这些地区里保存着。

中东部雨林保护区内土壤肥沃，加之海拔高度不同而形成垂直气候带，以亚热带雨林居多，而且树种众多。在这里还广泛分布着众多的被称为“爬蔓植物森林”爬蔓植物。少见的琴鸟也生长于此，雄琴鸟为青灰色，长着像孔雀那样长长的羽毛。另外，在该保护区内还可看到黄色小鹦鹉，这种身体呈黑色的小鹦鹉，头部长着鲜艳的黄色斑点。蓝亭鸟是这里最为珍稀，它因雄鸟在自己的领地用树枝编造小亭子，并在亭子周围装饰蓝色的物件来吸引雌鸟而得名。

知识链接

澳大利亚中东部雨林原为澳大利亚东海岸温带与亚热带雨林公园，联合国教科文组织于 1986 年 11 月决定将“澳大利亚东海岸温带与亚热带雨林公园”列入世界遗产名录。这之后，进行扩展改造后的中东部雨林，被命名为“澳大利亚中东部雨林”或 CERA，新列入的景点使这一地区被列入世界遗产名录的景点增加到了 40 多个。到 1997 年，新南威尔士州政府已经完成了将大部分列入世界遗产名录的景点从政府森林改变成国家公园的任务，所有的这些包含有温带与亚热带雨林地区的国家公园或保护区都被重新命名，统称为“澳大利亚中东部雨林保护区”，并一并列入世界遗产名录。

拓展思考

1. 以中东部雨林保护区为例，谈谈其对我国的自然生态保护区有什么借鉴意义？

2. 中东部雨林保护区的价值体现在哪些方面？